TUDO EM SEU LUGAR

Obras do autor publicadas pela Companhia das Letras

Um antropólogo em Marte
Enxaqueca
Tempo de despertar
A ilha dos daltônicos
O homem que confundiu sua mulher com um chapéu
Vendo vozes
Tio Tungstênio
Com uma perna só
Alucinações musicais
O olhar da mente
Diário de Oaxaca
A mente assombrada
Sempre em movimento
Gratidão
O rio da consciência
Tudo em seu lugar

OLIVER SACKS

TUDO EM SEU LUGAR
Primeiros amores e últimas histórias

Tradução
LAURA TEIXEIRA MOTTA

Copyright © 2019 by the Oliver Sacks Foundation

Grafia atualizada segundo o Acordo Ortográfico da Língua Portuguesa de 1990, que entrou em vigor no Brasil em 2009.

Título original
Everything in Its Place: First Loves and Last Tales

Capa
Hélio de Almeida
sobre ilustração de Zaven Paré

Preparação
Laura Folgueira

Revisão
Carmen T. S. Costa
Jane Pessoa

Índice remissivo
Luciano Marchiori

Dados Internacionais de Catalogação na Publicação (CIP)
(Câmara Brasileira do Livro, SP, Brasil)

Sacks, Oliver, (1933-2015)
Tudo em seu lugar : Primeiros amores e últimas histórias / Oliver Sacks ; tradução Laura Teixeira Motta. — 1ª ed. — São Paulo : Companhia das Letras, 2020.

Título original: Everything in Its Place : Firts Loves and Last Tales.
Bibliografia.
ISBN 978-85-359-3328-4

1. Neurociência 2. Neurologistas – Inglaterra – Biografia 3. Sacks, Oliver W., 1933-2015 I. Título.

20-32949   CDD-616.80092

Índice para catálogo sistemático:
1. Neurologistas : Vida e obra   616.80092

Maria Alice Ferreira – Bibliotecária – CRB-8/7964

[2020]
Todos os direitos desta edição reservados à
EDITORA SCHWARCZ S.A.
Rua Bandeira Paulista, 702, cj. 32
04532-002 — São Paulo — SP
Telefone: (11) 3707-3500
www.companhiadasletras.com.br
www.blogdacompanhia.com.br
facebook.com/companhiadasletras
instagram.com/companhiadasletras
twitter.com/cialetras

SUMÁRIO

PRIMEIROS AMORES

Filhotes da água	9
Recordações de South Kensington	13
Primeiro amor	18
Humphry Davy: poeta da química	23
Bibliotecas	42
Viagem pelo cérebro	47

RELATOS CLÍNICOS

Congelado	59
Sonhos neurológicos	64
O nada	70
Ver Deus no terceiro milênio	73
Soluços e outros comportamentos curiosos	81
Viagens com Lowell	88
Impulso	102
A catástrofe	107
Perigosamente bem	120
Chá com torradas	125
Dizer	128
O cérebro idoso	132
Kuru	142
Loucura de verão	149
As virtudes esquecidas do asilo	165

A VIDA CONTINUA

Tem alguém aí?	181

Clupeofilia 188
De volta a Colorado Springs 191
Botânicos na Park 195
Saudações da Ilha da Estabilidade 200
Letras miúdas 205
A marcha do elefante 209
Orangotango 215
Por que precisamos de jardins 216
A noite do ginkgo 220
Peixe de filtro 222
A vida continua 225

Bibliografia 231
Permissões e agradecimentos 235
Índice remissivo 239

PRIMEIROS AMORES

FILHOTES DA ÁGUA

Éramos uns peixinhos, meus três irmãos e eu. Nosso pai, que era campeão de natação (venceu a competição de 24 quilômetros na costa da ilha de Wight por três anos seguidos) e amava nadar mais do que qualquer outra coisa, nos apresentou à água antes mesmo de completarmos uma semana de vida. Nadar é instintivo nessa idade, por isso, para o bem ou para o mal, nunca "aprendemos" a nadar.

Lembrei disso quando estive nas ilhas Carolinas, na Micronésia, onde vi criancinhas que mal tinham aprendido a andar mergulhando sem medo nas lagunas e nadando, previsivelmente, no estilo cachorrinho. Lá todo mundo nada — não existe isso de "não saber nadar" — e é competente na água. Magalhães e outros navegadores que chegaram à Micronésia no século XVI ficaram pasmos com essas habilidades, e depois de observar como os ilhéus nadavam, mergulhavam e pulavam uma onda depois da outra, só lhes restou compará-los a golfinhos. As crianças, em especial, se mostravam tão à vontade na água que, nas palavras de um explorador, pareciam "mais peixes do que seres humanos". (Foi com os habitantes das ilhas do Pacífico que, no começo do século XX, nós, ocidentais, aprendemos o estilo crawl, o belo, potente nado oceânico que eles haviam aperfeiçoado — tão melhor, tão mais apropriado à forma humana do que o ranídeo nado de peito praticado até então.)

Quanto a mim, não tenho nenhuma lembrança de ter sido ensinado a nadar; aprendi minhas braçadas nadando com meu pai, acho — embora as braçadas dele, lentas, calculadas, devoradoras de quilômetros (era um homem robusto de quase 115 quilos) não fossem lá muito apropriadas a um menino. Acontece que eu via como aquele homem velho, grandalhão e desajeitado em terra firme, se transformava na água, gracioso como um boto; e eu, acanhado, receoso e também bastante desajeitado, encontrava em mim a mesma deliciosa transformação, encontrava na água um novo ser, um novo modo de ser. Tenho a nítida lembrança de umas férias de verão no litoral da Inglaterra no mês seguinte ao meu quinto aniversário, quando irrompi no quarto dos meus pais e puxei com força aquela massa em forma de baleia. "Vamos, papai! Vamos nadar!", falei. Ele se virou devagar e abriu um olho. "Que história é essa, acordar um velho de 43 anos às seis da manhã?" Agora que meu pai está morto e tenho quase o dobro da idade que ele tinha então, sou tomado por essa recordação de tanto tempo atrás, que me dá vontade de rir e chorar ao mesmo tempo.

A adolescência foi uma época ruim. Desenvolvi uma doença estranha na pele: "eritema anular centrífugo", disse um especialista; "eritema girato", disse outro — palavras bonitas, sonoras, empoladas, mas nenhum dos especialistas podia fazer nada, e eu ali, coberto de feridas aquosas. Parecia um leproso, ou pelo menos me sentia como um — não ousava tirar a roupa na praia ou na piscina, e só às vezes, com sorte, conseguia encontrar um lago ou lagoa remotos.

Em Oxford minha pele melhorou de repente, e a sensação de alívio foi tamanha que eu queria nadar nu, sentir a água passar sem obstáculos por todo o corpo. Às vezes ia nadar em Parsons's Pleasure, uma curva do rio Cherwell, local que desde os anos 1680 ou antes era reservado a nudistas e parecia frequentado pelos fantasmas de Swinburne e Clough.* No verão, algumas tardes eu embarcava numa pequena chalupa e seguia pelo Cherwell; encontrava um trecho seguro para ancorar e ficava nadando sossegado pelo resto do dia. Às vezes, à noite, saía para uma longa corrida pela trilha que margeia o Isis e

---

* Algernon Charles Swinburne (1837-1909) e Arthur Hugh Clough (1819-61), poetas e acadêmicos oxfordianos da era vitoriana. O rio Cherwell banha a área dos *colleges* de Oxford. (N. T.)

passava por Iffley Lock,* muito além dos limites da cidade. Então mergulhava e nadava até que o rio e eu parecêssemos flutuar juntos; éramos um só.

Nadar passou a ser uma paixão absoluta em Oxford, e depois não teve mais volta. Quando cheguei a Nova York, em meados dos anos 1960, comecei a nadar na praia de Orchard, no Bronx, e às vezes fazia o circuito até City Island — um percurso de várias horas. E foi assim, aliás, que encontrei a casa onde morei por vinte anos: lá pelo meio do trajeto, parei para contemplar um gracioso gazebo na margem, saí da água e fui passear pelo caminho; vi uma casinha vermelha à venda, entrei (pingando) para conhecê-la — acompanhado pelos proprietários confusos —, continuei a pé até a imobiliária e convenci a corretora que eu estava de fato interessado (ela não estava habituada a clientes em traje de banho); voltei para a água do outro lado da ilha e nadei de volta até a praia de Orchard, tendo comprado uma casa entre uma braçada e outra.

Eu costumava nadar ao ar livre — tinha mais vigor naquela época — de abril a novembro, mas no inverno ia para a ACM local. Em 1976-7 fui eleito o Melhor Nadador de Longa Distância da ACM de Mount Vernon, em Westchester: atravessei a piscina quinhentas vezes na competição — 9,6 quilômetros — e teria continuado, até que os juízes disseram: "Chega! Por favor, vá para casa".

Alguns poderiam pensar que atravessar quinhentas vezes uma piscina é monótono, maçante, mas para mim nadar nunca foi monótono nem maçante. Nadar me traz uma espécie de alegria, uma sensação de bem-estar tão extrema que às vezes sinto uma espécie de êxtase. No ato de nadar há um envolvimento total, em cada braçada, e ao mesmo tempo a mente pode flutuar livre, num estado de encantamento, como em transe. Nunca experimentei coisa tão poderosa, tão saudavelmente euforizante — e sou viciado, fico irritadiço quando não posso nadar.

---

* Isis é um nome alternativo do rio Tâmisa, usado principalmente na região de Oxford; Iffley Lock é uma comporta desse mesmo rio na altura do vilarejo de Iffley, na orla sul de Oxford. (N. T.)

Duns Scotus, no século XIII, falava em *"condelectari sibi"*, a vontade que se deleita com seu próprio exercício, e Mihaly Csikszentmihalyi, nosso contemporâneo, fala em "estado de fluxo" [*flow*]. Há uma adequação fundamental no nado, como em todas as atividades fluidas e, por assim dizer, *musicais*. E há também o encanto de boiar, de estar suspenso nesse meio denso e transparente que nos sustenta e nos envolve. Podemos nos mover na água, brincar com ela de um jeito que não encontra paralelo em terra. Podemos explorar sua dinâmica, seu fluxo, de um modo ou de outro; girar as mãos como hélices ou direcioná-las como pequenos lemes; podemos nos transformar em um pequeno hidroavião ou submarino, investigar com o próprio corpo a física da flutuação.

Além disso, há todo o simbolismo do nadar — suas ressonâncias na imaginação, seus potenciais míticos.

Meu pai dizia que nadar era "o elixir da vida", e com certeza para ele era mesmo: ele nadou todos os dias, só desacelerou um pouco no decorrer do tempo, até a digna idade de 94 anos. Tomara eu possa fazer como ele e nadar até morrer.

RECORDAÇÕES DE SOUTH KENSINGTON

Adoro museus desde que me conheço por gente. Eles têm um papel fundamental na minha vida, estimulam a imaginação e me apresentam a ordem do mundo de um modo cristalino e concreto, porém organizado, em miniatura. Adoro jardins botânicos e zoológicos pela mesma razão: mostram a natureza, mas uma natureza classificada, a taxonomia da vida. Os livros não são reais nesse sentido, são apenas palavras. Museus são arranjos do real, exemplares da natureza.

Os quatro magníficos museus de South Kensington — todos no mesmo terreno e construídos no ornamentado estilo alto vitoriano — foram concebidos como uma unidade multifacetada, de modo a tornar públicas e acessíveis a história natural, a ciência e o estudo das culturas humanas.

Os museus de South Kensington — juntamente com a Royal Institution e suas populares Christmas Lectures — constituíram uma instituição educacional vitoriana incomparável. Para mim ainda representam, como na infância, a essência do que chamamos de museu.

Havia o Museu de História Natural, o Museu de Geologia, o Museu de Ciência e o Museu Victoria e Albert, dedicado à história da cultura. Eu era um aficionado da ciência e nunca ia ao V&A, já os outros três eram, para mim, um museu único, que eu visitava constantemente, em tardes livres, nos fins de semana, nas férias, sempre que podia. Ficava chateado por ter de sair quando eles iam fechar, e uma noite dei um jeito de permanecer no Museu de História Natural: na hora de fechar, eu me escondi na Galeria de Invertebrados Fósseis (não tão bem guardada quanto a Galeria dos Dinossauros ou a das Baleias) e passei uma noite encantada sozinho no museu, perambulando de galeria em galeria com uma lanterna. Animais que eu conhecia muito bem se tornaram temíveis, sinistros durante aquela ronda noturna; suas feições assomavam de súbito na escuridão ou pairavam fantasmagóricas no halo da luz da lanterna. O museu, sem iluminação, era um lugar assombroso, e não fiquei nem um pouco aborrecido quando amanheceu.

Eu tinha vários amigos no Museu de História Natural — o *Cacops* e o *Eryops*, gigantescos anfíbios fósseis com um orifício no crânio para um terceiro olho, o pineal; a cubomedusa *Carybdea*, o animal mais inferior dotado de gânglios nervosos e olhos; os belos modelos em vidro soprado de *Radiolaria* e *Heliozoa*; o meu grande amor, no entanto, minha paixão especial, eram os cefalópodes, agrupados numa coleção magnífica.

Eu passava horas contemplando as lulas: a *Sthenoteuthis caroli,* encalhada na costa de Yorkshire em 1925, ou a exótica *Vampyroteuthis*, preta como fuligem (apenas um modelo em cera, infelizmente), uma rara forma abissal com uma membrana em feitio de guarda-chuva entre os tentáculos, com dobras cravejadas de estrelas brilhantes e luminosas. E, claro, a *Architeuthis*, a rainha das lulas-gigantes, enlaçada em um abraço mortal com uma baleia.

Mas não eram apenas os gigantes, os exóticos, que me chamavam a atenção. Eu adorava, sobretudo nas galerias de insetos e moluscos, abrir as gavetas sob as vitrines para ver todas as variedades, as particularidades de uma única espécie ou concha, e notar que cada uma tinha sua própria localização geográfica privilegiada. Eu não podia fazer como Darwin e ir às Galápagos para comparar os tentilhões de cada ilha, mas podia fazer a segunda melhor coisa bem ali, no museu: podia ser um naturalista vicário, um viajante imaginário com bilhete para percorrer o mundo todo sem sair de South Kensington.

Depois que os funcionários passaram a me conhecer, às vezes eles destrancavam uma porta maciça e me deixavam entrar no reino privado do novo Spirit Building,* onde acontecia

---

* Apelido da ala do museu onde os espécimes são conservados em álcool (em inglês, *spirit*). (N. T.)

o verdadeiro trabalho do museu: receber e classificar espécimes de todas as partes do mundo, examiná-los, dissecá-los, identificar novas espécies — e, às vezes, prepará-los para exposições especiais. (Um desses espécimes era o celacanto, o então recém-descoberto "fóssil vivo" do peixe *Latimeria*, supostamente extinto desde o Cretáceo.) Passei incontáveis dias no Spirit Building antes do início das aulas em Oxford; meu amigo Eric Korn ficou um ano inteiro. Naquele tempo éramos apaixonados por taxonomia — no fundo, éramos naturalistas vitorianos.

Adorava o antiquado ambiente de vidro e mogno do museu e fiquei furioso quando, nos meus tempos de universidade nos anos 1950, ele ficou todo moderno e berrante e passou a receber exposições badaladas (no fim, acabou sendo até interativo). Jonathan Miller sentiu a mesma repulsa e a mesma nostalgia: "Eu suspiro pela era dos tons sépia", ele me escreveu. "Passo a vida desejando que aquele lugar mergulhe subitamente na monocromia arenosa de 1876."

Do lado de fora do Museu de História Natural havia um jardim aprazível dominado por troncos de sigilária, uma árvore fóssil extinta há muito tempo, e uma miscelânea de calamitas. Eu era fascinado por aquilo, pela botânica fóssil, com uma intensidade quase dolorosa; se Jonathan ansiava pela monocromia arenosa de 1876, eu queria a monocromia verde, a floresta de samambaias e cicadáceas do Jurássico. Na adolescência, chegava a sonhar com licopódios gigantes e cavalinhas arbóreas, florestas primevas de gimnospermas enormes envolvendo o planeta — e acordava bravo ao pensar que elas já tinham desaparecido havia muito tempo e que o mundo tinha sido tomado por modernas plantas floríferas de cores vistosas.

Nem cem metros separavam o jardim jurássico fóssil do Museu de História Natural e do Museu de Geologia, que vivia quase deserto, até onde me era dado perceber. (Infelizmente esse museu não existe mais; seu acervo foi incorporado ao Museu de História Natural.) O Museu de Geologia estava abarrotado de tesouros especiais, prazeres secretos para o olhar conhecedor e paciente. Havia um cristal gigante de sulfeto de antimônio, estibinita, vindo do Japão; tinha um metro e oitenta de altura, um falo cristalino, um totem, e me fascinava de um modo singular, quase reverencial. Havia um fonólito, mineral sonoro trazido da Torre do Diabo no Wyoming; os guardas do museu, quando me reconheciam, me deixavam bater naquela rocha com a palma da mão para ouvir seu som de gongo, abafado, mas reverberante, como quando se bate na caixa de ressonância de um piano.

Eu adorava a sensação que aquele lugar me provocava, de existir um mundo não vivo — a beleza dos cristais, a noção de que eles eram feitos de arranjos atômicos idênticos, perfeitos. Mas, além da perfeição e, por assim dizer, da encarnação da matemática, eles também me provocavam com sua beleza sensual. Eu passava horas observando pálidos cristais amarelos de enxofre e cristais lilases de fluorita — aglomerados, com jeito de pedras preciosas, como uma visão provocada por mescalina — e, no outro extremo, as estranhas formas "orgânicas" de hematita reniforme, parecidas com rins de animais gigantes a tal ponto que por um momento chegava a me perguntar em que museu eu estava.

Mas por fim sempre voltava ao Museu de Ciência, pois ele era o primeiro que eu havia visitado. Quando eu era pequeno, mesmo antes da guerra, minha mãe às vezes me levava lá com meus irmãos. Caminhávamos pelas galerias mágicas — os primeiros aviões, as máquinas dinossáuricas da Revolução Industrial, as velhas engenhocas ópticas — até chegar a uma menor no andar mais alto, onde havia uma reconstituição de uma mina de carvão com o equipamento original. "Olhem!", ela dizia. "Olhem lá!" E apontava para uma velha lâmpada de mina. "Meu pai, avô de vocês, inventou isso!" E nós baixávamos a cabeça e líamos: "Lâmpada de Landau, inventada por Marcus Landau em 1869. Substituiu a lâmpada de Humphry Davy". Toda vez que eu lia isso, ficava curiosamente eletrizado, era invadido pela sensação de ter um vínculo especial com o museu e com meu avô (nascido em 1837 e morto fazia muito tempo), a sensação de que ele e seu invento ainda eram, de algum modo, reais e vivos.

Mas a verdadeira epifania aconteceu no Museu de Ciência quando eu tinha dez anos e descobri a tabela periódica no quinto andar — não uma dessas antipáticas espiraizinhas modernas e elegantes, e sim uma sólida tabela retangular que cobria toda uma parede, com cubículos separados para cada elemento e os elementos de verdade, sempre que possível, em seus lugares: cloro, amarelo-esverdeado; bromo, marrom e volátil; cristais de iodo pretíssimos (mas com vapor violeta); pepitas pesadas, muito pesadas, de urânio; e bolinhas de lítio flutuando em óleo. Incluíam até os gases inertes (ou gases "nobres", nobres demais para se combinarem): hélio, neônio, argônio, criptônio, xenônio (mas não radônio — acho que era muito perigoso). Eles eram invisíveis, obviamente, dentro de seus tubos de vidro lacrados, mas a gente sabia que estavam lá.

A presença concreta dos elementos reforçava a sensação de que aqueles eram realmente os elementos constituintes do universo, de que o universo inteiro estava ali, em microcosmo, em South Kensington. Quando via a tabela periódica, eu era dominado pelo sentimento da Verdade e da Beleza — não me parecia uma elaboração humana banal, arbitrária, mas uma verdadeira visão da ordem cósmica eterna; não importava quais fossem as descobertas e avanços futuros, não importava o que pudessem acrescentar, eles só reforçariam, reafirmariam a verdade daquela ordem.

Esse sentimento da grandiosidade, da imutabilidade das leis da natureza, e de como elas talvez se mostrassem compreensíveis para nós se as buscássemos o suficiente — esse sentimento se apossou inelutavelmente de mim quando eu era um menino de dez anos, diante da tabela periódica no Museu de Ciência de South Kensington. Ele nunca me deixou e, cinquenta anos depois, não perdeu o brilho, continua o mesmo. Minha fé e minha vida foram definidas naquele momento; meu Pisga, meu Sinai surgiram em um museu.

PRIMEIRO AMOR

Em janeiro de 1946, quando eu tinha doze anos e meio, mudei da escola preparatória The Hall, em Hampstead, para uma muito maior, a St. Paul's, em Hammersmith. Foi lá, na Biblioteca Walker, que conheci Jonathan Miller. Eu estava escondido num canto, com um livro do século XIX sobre eletrostática — lendo, por algum motivo, sobre "ovos elétricos" —, quando uma sombra cobriu a página. Olhei para cima e vi um garoto espantosamente alto, desengonçado, com um rosto muito expressivo, olhos vivos e travessos e uma exuberante cabeleira ruiva. Começamos a conversar, e somos grandes amigos desde então.

Antes dessa época eu só havia tido um único amigo de verdade, Eric Korn, que conheço quase desde que nasci. Eric também se mudou da Hall para a St. Paul's um ano depois, e então ele, Jonathan e eu formamos um trio inseparável, ligados por laços não só pessoais, mas também familiares (nossos pais, trinta anos antes, haviam estudado medicina juntos, e nossas famílias eram amigas). Jonathan e Eric não eram tão vidrados em química como eu — embora um ou dois anos antes tivessem me acompanhado em um experimento químico extravagante: jogamos na lagoa de Highgate, em Hampstead Heath, um pedaço grande de sódio metálico e observamos eletrizados enquanto ele se incendiava e girava em disparada pela superfície como um meteoro maluco, seguido por uma enorme esteira de chamas amarelas. No entanto, os dois tinham imenso interesse por biologia, e era inevitável que, chegada a hora, nos encontrássemos na mesma turma dessa matéria e todos nos apaixonássemos por nosso professor, Sid Pask.

Pask era um mestre esplêndido. E também intolerante, intransigente, amaldiçoado com uma gagueira horrorosa (que não cansávamos de imitar) e nem de longe muito brilhante. Usava de dissuasão, ironia, ridicularização ou força para nos afastar de todas as outras atividades — esporte e sexo, religião e família e todas as outras disciplinas da escola. Exigia que fôssemos tão focados quanto ele. A maioria dos alunos o julgava um feitor incrivelmente autoritário e implacável. Faziam de tudo para escapar do que consideravam sua tirania mesquinha e pernóstica. A luta prosseguia por algum tempo e então, de repente, a resistência desaparecia — eles ficavam livres. Pask parava de criticá-los, não fazia mais exigências bizarras sobre o tempo e a energia dos garotos.

Mas alguns de nós, a cada ano, aceitávamos o desafio de Pask. Em troca, ele nos dava tudo de si — todo o seu tempo, sua dedicação, em nome da biologia. Ficávamos com ele até tarde da noite no Museu de História Natural. Sacrificávamos todos os fins de semana em expedições para coletar plantas. Acordávamos de madrugada em gélidos dias de janeiro para assistir a seu curso sobre água doce. E uma vez por ano — essa lembrança ainda tem uma doçura quase insuportável — íamos com ele a Millport para três semanas de biologia marinha.

Millport, na costa oeste da Escócia, tinha um posto de biologia marinha muito bem equipado, onde sempre éramos recebidos calorosamente e apresentados a quaisquer experimentos que estivessem em curso. (Na época, estavam sendo feitas observações fundamentais sobre o desenvolvimento de ouriços-do-mar, e lorde Rothschild, então às voltas com seus experimentos — que mais tarde ficariam famosos — sobre a fertilização desses animais, demonstrava paciência infinita com os entusiasmados alunos que se amontoavam em volta de suas placas de Petri contendo plúteos, as larvas transparentes dos ouriços-do-mar.) Jonathan, Eric e eu fazíamos vários cortes transversais de rochas litorâneas e contávamos todos os animais e algas-marinhas em sucessivas porções de quase um metro quadrado, desde o topo coberto de liquens da rocha (*Xanthoria parietina* era o eufônico nome do líquen) até a beira-mar e as poças de maré lá embaixo. Eric era bastante espirituoso e engenhoso, e em certa ocasião, quando precisávamos usar um fio de prumo para obter uma vertical perfeita, mas não sabíamos como suspendê-lo, ele arrancou uma lapa da base da rocha, ajustou a ponta do fio de prumo por baixo do pequeno molusco e o pregou com firmeza no topo, como uma tachinha natural.

Cada um de nós adotou grupos zoológicos específicos: Eric se enamorou dos pepinos-do-mar, as holotúrias; Jonathan, dos poliquetas, vermes iridescentes eriçados de cerdas; e eu, das lulas e sibas, dos polvos, de todos os cefalópodes — os mais inteligentes e, na minha opinião, mais belos dos invertebrados. Um dia fomos para a beira-mar em Hythe, no condado de Kent, onde os pais de Jonathan haviam alugado uma casa para as férias de verão, e passamos o dia pescando em uma traineira comercial. Os pescadores em geral descartavam as sibas que caíam nas redes (não eram muito apreciadas na culinária inglesa). Mas eu, obsessivo, pedi a eles que as separassem para mim, e devia haver dezenas delas no convés quando lá chegamos. Transportamos todas para casa em baldes e cubas e as guardamos em grandes frascos no porão, com um pouco de álcool para preservá-las. Os pais de Jonathan estavam fora, por isso não hesitamos. Depois poderíamos levar aquele montão de sibas para a escola, para Pask — já imaginávamos seu sorriso espantado quando entrássemos com elas —, e haveria uma siba para cada aluno da classe dissecar, duas ou três para os fãs de cefalópodes. Eu faria uma pequena palestra sobre elas no Field Club, discorreria profusamente sobre sua inteligência, seu cérebro grande, seus olhos com retinas eretas, suas rápidas mudanças de cor.

Alguns dias depois, na data em que os pais de Jonathan deveriam voltar, ouvimos uns baques vindos do porão; descemos para ver o que era e deparamos com uma cena grotesca: as sibas, mal preservadas, tinham apodrecido e fermentado, e os gases produzidos tinham explodido os frascos e arremessado nacos de siba pelas paredes e pelo piso; até no teto havia estilhaços de siba. O fedor da putrefação era pavoroso, um troço inimaginável. Fizemos o possível para remover os pedaços de siba que explodiram e com o impacto grudaram nas paredes. Lavamos o porão com mangueira, nauseados, mas a fedentina não saía e, quando abrimos janelas e portas para arejar o local, o fedor se alastrou casa afora como um miasma e empestou o ar num raio de quase cinquenta metros.

Eric, sempre engenhoso, sugeriu mascarar o cheiro, ou substituí-lo por um outro ainda mais forte, porém agradável — essência de coco, decidimos, daria conta do recado. Fizemos uma vaquinha e compramos um grande frasco da essência; lavamos o porão com aquele líquido, que depois espalhamos generosamente pelo resto da casa e do terreno.

Os pais de Jonathan retornaram uma hora mais tarde. Quando se aproximaram da casa, sentiram um cheiro fortíssimo de coco. Mas, ao chegarem mais perto, atingiram uma zona dominada pelo fartum de siba decomposta — os dois odores, os dois vapores, por alguma razão curiosa, tinham se organizado em zonas alternadas de uns dois metros de extensão cada. Quando se viram na cena do nosso acidente, ou crime, não conseguiram suportar o bodum por mais de alguns segundos. Ficamos profundamente envergonhados. Eu em especial, pois a origem de tudo tinha sido a minha voracidade (uma siba só já não bastaria?) e tolice por não saber dosar o álcool necessário para aquele monte de espécimes. Os pais de Jonathan abreviaram as férias e deixaram a casa (que ficou inabitável por meses, soubemos depois). O meu amor pelas sibas permaneceu inabalável, porém.

Talvez houvesse para isso uma razão química, além de biológica, pois as sibas (como muitos outros moluscos e crustáceos) têm sangue azul e não vermelho, já que a evolução as dotou de um sistema para transportar oxigênio em tudo diverso daquele encontrado nos vertebrados. Enquanto nosso pigmento respiratório vermelho, a hemoglobina, contém ferro, o pigmento azul-esverdeado das sibas, a hemocianina, contém cobre. Ferro e cobre têm cada qual seu próprio "estado de oxidação", e isso significa que podem facilmente absorver oxigênio dos pulmões, transportá-lo para um estado de oxidação mais alto e então liberá-lo nos tecidos conforme necessário. Mas por que empregar apenas ferro e cobre quando havia um outro metal — o vanádio, vizinho deles na tabela periódica — que tem nada menos que quatro estados de oxidação? Eu me perguntava se compostos de vanádio já teriam sido alguma vez explorados como pigmentos respiratórios, e um dia me empolguei quando soube que o vanádio era encontrado em profusão em algumas ascídias — uma classe dos tunicados —, dotadas de células especiais, os vanadócitos, para armazenar esse elemento. É um mistério por que possuem tais células, já que elas não parecem integrar o sistema de transporte de oxigênio.

Eu, na maior pretensão, pensei absurdamente que talvez fosse capaz de resolver esse mistério durante uma de nossas excursões anuais a Millport. Mas não fui além de coletar um montão de ascídias (com a mesma voracidade, a mesma imoderação que me levara a coletar sibas em excesso). Podia incinerá-las, pensei, e medir o conteúdo de vanádio em suas cinzas (tinha lido que ele poderia superar 40% em algumas espécies). E isso me deu a única ideia comercial que já me ocorreu na vida: ter uma fazenda que produzisse vanádio — hectares de prados marinhos semeados com ascídias. Eu as poria para extrair da água do mar o precioso vanádio, como vinham fazendo com muita eficácia pelos últimos 300 milhões de anos, e então venderia meu produto a quinhentas libras a tonelada. O único problema, percebi, horrorizado com minhas ideias genocidas, seria a necessidade de promover um verdadeiro holocausto de ascídias.

HUMPHRY DAVY: POETA DA QUÍMICA

Humphry Davy foi um herói querido para mim e para a maioria dos garotos da minha geração que tinham um kit ou um laboratório de química; ele próprio um menino na meninice da química; mesmo depois de uma centena de anos, uma figura imensamente inspiradora, tão viçosa e viva, a seu modo, quanto qualquer um que conhecêssemos. Sabíamos tudo sobre seus experimentos quando jovem — desde o óxido nitroso (que ele descobriu e descreveu, e no qual se viciou na adolescência) até aqueles, muitos dos quais imprudentes, com metais alcalinos, baterias elétricas, peixes-elétricos, explosivos. Nós o imaginávamos à semelhança de um jovem Byron de grandes olhos sonhadores.

Por acaso eu estava pensando em Humphry Davy quando li sobre o livro *Humphry Davy: Science and Power* [Humphry Davy: Ciência e poder], biografia que David Knight escreveu em 1992. Encomendei um exemplar na mesma hora. Andava nostálgico, relembrando a infância: eu, aos doze anos, profundamente apaixonado, talvez mais do que estaria por toda a minha vida, pelo sódio, o potássio, o cloro e o bromo; apaixonado por uma loja mágica em cujo interior escuro eu podia comprar substâncias químicas para meu laboratório; pelo calhamaço enciclopédico de Mellor (e, quando consegui decifrá-los, pelos manuais de Gmelin); pelo Museu de Ciência em South Kensington, Londres, onde se contava a história da química, em particular seu nascimento em fins do século XVIII e começo do século XIX; apaixonado, talvez, mais do que tudo, pela Royal Institution, que ainda tinha em boa parte a mesma aparência e o mesmo cheiro de quando o jovem Humphry Davy ali trabalhou, e onde eu podia folhear e estudar diretamente os cadernos, manuscritos, anotações de laboratório e cartas daquele meu herói.

Davy é um assunto esplêndido para um biógrafo, como observa Knight, e neste último século e meio foram lançadas muitas biografias dele. Mas Knight — com formação em química, professor de história e filosofia da ciência em Durham e ex-editor do *British Journal for the History of Science* — produziu uma obra não apenas grandiosa e erudita, mas também rica em percepção humana e compreensão.

Davy nasceu em 1778 em Penzance, o primogênito de cinco filhos de um gravador e xilógrafo. Estudou num liceu perto de casa e aproveitou aquela liberdade. ("Considero uma sorte ter sido deixado quase por conta própria quando criança, sem me direcionarem para algum plano de estudo específico", ele comentou.) Saiu da escola aos dezesseis anos e foi ser aprendiz de um cirurgião-apotecário da região, mas entediava-se e aspirava a algo maior. A química, acima de tudo, o atraía: ele leu e dominou o extraordinário *Tratado elementar de química*, de Lavoisier (1789), uma façanha e tanto para um rapaz de dezoito anos com pouca educação formal. Visões grandiosas começaram a lhe rondar a mente: será que ele poderia se tornar o novo Lavoisier, talvez o novo Newton? Um de seus cadernos dessa época era etiquetado "Newton e Davy".

Contudo, de certo modo, não foi tanto com Newton e sim com o amigo e contemporâneo deste, Robert Boyle, que Davy mostrou afinidades. Se Newton fundou uma nova física, Boyle fundou a igualmente nova ciência da química e a desatrelou de seus precursores alquimistas. Foi Boyle, em seu *The Sceptical Chymist* [O químico cético], de 1661, que descartou os metafísicos quatro elementos da Antiguidade e redefiniu "elementos" como corpos simples, puros e indecomponíveis feitos de "corpúsculos" de determinado tipo. Foi Boyle quem apontou a análise como o principal tema da química (e que introduziu o termo "análise" em um contexto químico): a decomposição de substâncias complexas em seus elementos constituintes e o estudo de como eles podem se combinar. Sua pesquisa pioneira ganhou força em fins do século

XVII e começo do século XVIII, quando mais de uma dezena de novos elementos foi isolada em rápida sucessão.

No entanto, ocorreu um mal-entendimento singular por ocasião do isolamento desses elementos. Em 1774 o químico sueco Carl Wilhelm Scheele obteve um vapor esverdeado e pesado a partir do ácido clorídrico, mas não percebeu que se tratava de um elemento. Deduziu que era um "ácido muriático deflogisticado". Naquele mesmo ano Joseph Priestley isolou o oxigênio e o chamou de "ar desflogisticado". Esses equívocos derivaram de uma teoria um tanto mística que dominou a química por todo o século XVIII e, de muitos modos, impediu que ela avançasse. Acreditava-se que o "flogisto" fosse uma substância imaterial emitida por corpos em combustão; era a matéria do calor.

Lavoisier, cujo *Tratado elementar* foi publicado quando Davy tinha onze anos, desbancou a teoria do flogisto, mostrando que a combustão não envolvia a perda de um misterioso "flogisto", mas resultava da combinação do que era queimado com o oxigênio da atmosfera (ou oxidação).

O trabalho de Lavoisier estimulou o primeiro e fundamental experimento de Davy, que, aos dezoito anos, derreteu gelo por fricção e, assim, demonstrou que calor era energia, e não uma substância material como o calórico. "A inexistência do calórico, ou fluido do calor, foi provada", ele exultou. Davy incorporou os resultados de seus experimentos em uma vasta obra, "Ensaio sobre o calor, a luz e combinações de luz", que incluía uma revisão crítica de Lavoisier e de toda a química desde Boyle, além da visão de uma nova química que ele esperava fundar, expurgada de qualquer metafísica e dos fantasmas da velha química.

A notícia a respeito do jovem e seus revolucionários pensamentos sobre matéria e energia chegou a Thomas Beddoes, então professor universitário de química em Oxford. Beddoes convidou Davy para seu laboratório em Bristol, e lá Davy fez seu primeiro grande trabalho: isolou os óxidos de nitrogênio e examinou seus efeitos fisiológicos.[1]

---

[1] Esse trabalho incluiu uma fascinante descrição dos efeitos de inalar vapores do óxido nitroso — o "gás hilariante" — que, em sua perspicácia psicológica, lem-

A temporada de Davy em Bristol marcou o começo de sua grande amizade com Coleridge e os poetas românticos. Naquela época ele andava escrevendo muita poesia, e seus cadernos misturam detalhes de experimentos químicos, poemas e reflexões filosóficas. Joseph Cottle, editor de Coleridge e Southey, considerava Davy tão poeta quanto filósofo natural, e achava que tanto uma coisa quanto outra, ou mesmo as duas juntas, representavam sua singularidade de percepção: "Era impossível duvidar de que, se ele não tivesse brilhado como filósofo, se destacaria como poeta". Inclusive, em 1800, Wordsworth pediu a Davy que supervisionasse a segunda edição de suas *Baladas líricas*.

Na época ainda existia uma união entre as culturas literária e científica; não havia a dissociação de sensibilidade que surgiria tão em breve. E entre Coleridge e Davy florescia uma grande amizade e um sentimento quase místico de afinidade e harmonia. A analogia da transformação química que fazia surgir compostos totalmente novos era fundamental no pensamento de Coleridge, que em certo ponto pensou em montar um laboratório químico junto com Davy. O poeta e o químico eram compa-

---

bra o relato de William James sobre uma experiência igual um século mais tarde. Esta talvez seja a primeira descrição de uma experiência psicodélica na literatura ocidental:

> Um frêmito que perpassou do tronco às extremidades se produziu quase imediatamente [...] minhas impressões visíveis foram deslumbrantes e aparentemente magnificadas, eu ouvia distintamente todos os sons da sala. [...] Conforme foram aumentando as sensações prazerosas, perdi todo o contato com as coisas externas; rápidas séries de imagens vivas e visíveis percorreram minha mente e se conectaram a palavras de tal modo que produziram percepções perfeitamente inusitadas. Eu existia em um mundo de ideias recém-conectadas e recém-modificadas. Teorizei; imaginei que fazia descobertas.

Davy também descobriu que o óxido nitroso era anestésico e sugeriu seu uso em cirurgias. Mas não deu continuidade a essa ideia, e a anestesia geral só veio a ser apresentada nos anos 1840, quando ele já estava morto. Freud (nos anos 1880) também não deu grande importância à sua descoberta de que a cocaína era um anestésico local, e o crédito por esse achado costuma ser dado a outros.

nheiros lutadores, analistas e exploradores de um princípio de conexão entre a mente e a natureza.[2] Coleridge e Davy pareciam ver a si mesmos como gêmeos: Coleridge, o químico da língua; Davy, o poeta da química.

Na época de Davy, a química era concebida como o estudo não apenas de reações químicas, mas também do calor, da luz, do magnetismo e da eletricidade — mais tarde, boa parte disso seria separada como "física". (Mesmo no final do século XIX, os Curie inicialmente consideraram a radioatividade uma propriedade "química" de certos elementos.) E embora a eletricidade estática fosse conhecida no século XVIII, uma corrente elétrica sustentada só foi possível depois que Alessandro Volta inventou um sanduíche de dois metais diferentes recheado com papelão embebido em salmoura que gerava uma corrente elétrica constante: a primeira bateria. Mais tarde Davy escreveu que o artigo do italiano, publicado em 1800, funcionou como um alerta para os pesquisadores da Europa e, para ele, configurou na hora o que ele passou a ver como o trabalho de sua vida.

Davy convenceu Beddoes a construir uma grande bateria elétrica baseada na bateria de Volta e começou seus experimentos com ela em 1800. Quase de imediato, desconfiou que a corrente era gerada por mudanças químicas nas placas de metal e se perguntou se o inverso também seria verdade: seria possível induzir mudanças químicas pela passagem de uma corrente elétrica? Fez modificações engenhosas e radicais na bateria e foi o primeiro a se valer desse novo e extraordinário poder para

---

[2] Nas palavras de Coleridge:

Água e chama, o diamante, o carvão [...] são convocados e irmanados pela teoria do químico. [...] É a sensação de um princípio de conexão dada pela mente e sancionada pela correspondência da natureza. [...] Se em um *Shakespeare* encontramos a natureza idealizada em poesia [...], pela observação meditativa de um *Davy* [...] encontramos a poesia, por assim dizer, ganhando substância e se realizando na natureza: sim, a própria natureza revelada para nós, [...] como, ao mesmo tempo, o poeta e o poema!

inventar uma nova forma de iluminação, a lâmpada de arco de carbono.

Esses avanços brilhantes chamaram a atenção na capital, e naquele mesmo ano Davy foi convidado para trabalhar na recém-fundada Royal Institution em Londres. Ele, que sempre fora eloquente, um contador de histórias nato, transformou-se no mais famoso e influente conferencista da Inglaterra, atraindo multidões que congestionavam as ruas toda vez que ele se apresentava. Suas conferências incluíam desde os detalhes mais ínfimos de seus experimentos — quando as lemos, temos uma ideia cristalina do trabalho em andamento, da atividade de uma mente extraordinária — até especulações sobre o universo e a vida; eram proferidas em um estilo e com uma riqueza de linguagem que ninguém conseguia igualar.

Sua conferência inaugural fascinou muitas pessoas, entre elas Mary Shelley. Anos depois, em *Frankenstein,* Shelley seguiria de perto as palavras de Davy ao elaborar a palestra do professor Waldman sobre química. (Em especial quando, ao falar sobre eletricidade galvânica, Davy disse que "foi descoberta uma nova influência que permite ao homem produzir, a partir de combinações de matéria morta, efeitos que anteriormente só eram ocasionados por órgãos animais".) E Coleridge, maior palestrante de seu tempo, não perdia as conferências de Davy, não só para abastecer seus cadernos de química, mas "para renovar meu estoque de metáforas", como ele disse.[3]

Havia um extraordinário apetite por ciência, em particular pela química, nos primeiros e fecundos tempos da Revolução Industrial; a ciência parecia ser um novo modo, poderoso (e não irreverente), não só de compreender o mundo, mas também de

---

[3] Coleridge não foi o único poeta a renovar seu estoque de metáforas com imagens da química. A expressão "afinidades eletivas", originária da química, recebeu de Goethe uma conotação erótica; "energia", para Blake, era "eterno deleite"; Keats, formado em medicina, também se comprazia com metáforas químicas.

Eliot, em "Tradição e talento individual", emprega metáforas químicas do princípio ao fim, culminando em uma grandiosa metáfora "davyana" para a mente do poeta: "A analogia é com um catalisador. [...] A mente do poeta é o pedaço de platina". Será que Eliot sabia que sua metáfora central, a catálise, fora descoberta por Humphry Davy em 1816?

levá-lo a um estado melhor. Essa dupla concepção da ciência encontrou em Davy seu expoente perfeito.

Naqueles primeiros anos da Royal Institution, Davy deixou de lado suas especulações mais abrangentes e se concentrou em questões práticas específicas: incrementar o curtume, isolar o tanino (foi ele quem descobriu essa substância no chá), todo um conjunto de problemas agrícolas — ele foi o primeiro a reconhecer o papel vital do nitrogênio e a importância da amônia nos fertilizantes (seu *Elements of Agricultural Chemistry* [Elementos de química agrícola] foi publicado em 1813).

Em 1806, porém, estabelecido como o mais brilhante conferencista e químico prático da Inglaterra — e com apenas 27 anos —, Davy sentiu que precisava abrir mão de suas obrigações de pesquisador da Royal Institution e retomar os interesses fundamentais de quando estava na Bristol. Fazia muito tempo que ele se perguntava se uma corrente elétrica poderia fornecer um modo novo de isolar elementos químicos; começou, então, a fazer experimentos com a eletrólise da água, usando uma corrente elétrica para separá-la em seus elementos componentes, hidrogênio e oxigênio, e mostrar que eles se combinavam em proporções exatas.

No ano seguinte Davy fez os famosos experimentos que isolaram potássio e sódio metálicos por meio de uma corrente elétrica. Quando a corrente fluiu, "uma luz muito intensa surgiu no fio negativo, e uma coluna flamejante [...] apareceu no ponto de contato", ele escreveu. Isso produziu glóbulos metálicos brilhantes, de aparência idêntica ao mercúrio: glóbulos de dois novos elementos, potássio e sódio. "Os glóbulos frequentemente queimavam no momento de sua formação", observou, "e às vezes explodiam com violência e se separavam em glóbulos menores que voavam pelo ar em alta velocidade, em um estado de combustão intensa, produzindo um belo efeito de jatos contínuos de fogo". Quando isso ocorreu, Davy dançou de alegria no laboratório, contou seu primo Edmund.[4]

Meu maior prazer quando garoto era repetir a produção de sódio e potássio por eletrólise, para ver os glóbulos brilhantes se incendiarem no ar, queimarem com uma chama amarelo-viva ou lilás-pálido e, mais tarde, para obter rubídio metálico (que quando queima produz uma encantadora chama vermelho-rubi) — um elemento desconhecido para Davy, mas que ele decerto apreciaria. De tanto que me identificava com os experimentos de Davy, quase podia imaginar que era eu que descobria esses elementos.

Em seguida Davy estudou os metais alcalinoterrosos, e em poucas semanas já havia isolado seus elementos metálicos: cálcio, magnésio, estrôncio e bário. Eram metais altamente reativos, sobretudo o estrôncio e o bário, capazes de queimar, como os metais alcalinos, com chamas de cores vivas. E como se não bastasse ter isolado seis novos elementos em um ano, no ano seguinte Davy isolou mais um, o boro.

Sódio e potássio são elementos que não existem na natureza; são demasiado reativos e se combinam de imediato com outros. O que encontramos são sais — cloreto de sódio (o sal comum), por exemplo —, compostos quimicamente inertes e eletricamente neutros. Porém, quando os submetemos a uma forte corrente elétrica transmitida através de dois eletrodos, como fez Davy, o sal neutro pode ser decomposto, e suas partículas carregadas de eletricidade (sódio eletropositivo, cloreto eletronegativo, nesse caso) são atraídas para um ou outro eletrodo. (Faraday, mais tarde, chamou essas partículas de "íons".)

Para Davy, a eletrólise não foi apenas "um novo caminho para descobertas" que o instigou a pedir baterias cada vez maio-

---

[4] Davy ficou tão espantado com a inflamabilidade do sódio e do potássio e a capacidade deles para flutuar em água que cogitou a possibilidade de haver, sob a crosta terrestre, depósitos dessas substâncias que, ao explodirem em momentos de impacto com água, seriam responsáveis pelas erupções vulcânicas.

res e mais potentes; foi também a revelação de que a própria matéria não era algo inerte, como Newton e outros haviam pensado: era dotada de carga e se mantinha coesa graças a forças elétricas. Afinidade química e força elétrica determinavam uma à outra e eram a mesma coisa na constituição da matéria, Davy percebeu. Boyle e seus sucessores, entre eles Lavoisier, não tinham uma ideia clara do papel fundamental das ligações químicas, mas supunham que elas fossem gravitacionais. Então Davy intuiu a existência de outra força universal, de natureza elétrica, que mantinha coesas as moléculas da matéria. Além disso, ele teve um insight nebuloso, mas intenso, de que todo o cosmo era permeado de forças elétricas além de gravitação.

Em 1810, Davy reexaminou o pesado gás esverdeado de Scheele, que tanto Scheele como Lavoisier haviam considerado um composto, e conseguiu mostrar que se tratava de um elemento. Chamou-o cloro, uma alusão à sua cor (do grego *khlorós*, verde-amarelado). Percebeu que estava diante não só de um novo elemento, mas também de um representante de toda uma nova família química — uma família de elementos como a dos metais alcalinos, ativos demais para existir na natureza. Davy tinha certeza de que devia haver análogos mais pesados e mais leves do cloro, membros da mesma família.

Os anos de 1806 a 1810 foram os mais criativos da vida de Davy, tanto em suas descobertas empíricas como nos profundos conceitos delas derivados. Ele havia encontrado oito novos elementos. Desbancara os últimos vestígios da teoria do flogisto e a noção de Lavoisier de que os átomos eram meras entidades metafísicas. Demonstrara a base elétrica da reatividade química. Construíra um alicerce para a química e a transformara naqueles cinco anos intensos.

Além de ter imenso prestígio entre seus colegas e ser laureado com muitas homenagens científicas, ele era igualmente famoso em meio ao público leigo mais instruído, graças a seu empenho em divulgar a ciência. Gostava de fazer experimentos em público, e suas célebres demonstrações em conferências eram empolgantes, cheias de eloquência, muitíssimo dramáticas e, às vezes, literalmente explosivas. Davy parecia estar na crista de uma grande onda de poder científico e tecnológico, um poder que prometia, ou ameaçava, transformar o mundo. Que homenagem o país poderia prestar a um homem como aquele? Parecia haver apenas uma, embora fosse quase sem precedentes. Em 8 de abril de 1812, Davy foi sagrado cavaleiro pelo príncipe regente: era o primeiro cientista a receber esse título desde Newton em 1705.[5]

David "conduzia suas pesquisas em uma desordem romântica", diz Knight, "e em grandes arrancadas velozes depois de um período de incubação". Trabalhava sozinho, em companhia de um auxiliar de laboratório. O primeiro desses assistentes foi seu primo mais novo Edmund Davy; o segundo foi Michael Faraday, cujo relacionamento com Davy seria intenso e complexo, ardorosamente positivo de início, problemático mais tarde. Faraday foi quase um filho para Humphry Davy, "um filho da ciência", como disse o químico francês Berthollet referindo-se a seu próprio "filho", Gay-Lussac. Faraday, então com vinte e poucos anos, havia assistido em êxtase às conferências de Davy, que ficou encantado quando o jovem lhe apresentou a transcrição de cada uma de suas palestras, às quais acrescentou excelentes comentários.

Davy hesitou em aceitar Faraday como assistente. O rapaz era uma incógnita: tímido, socialmente inábil, desajeitado, pouco instruído. Mas tinha um amor intenso e precoce pela ciência, e um cérebro extraordinário. Em muitos aspectos, era parecido com aquele Davy que procurou Beddoes. Davy foi, no início, um "pai" generoso e solícito; com o passar do tempo, porém, e a crescente independência intelectual de Faraday, tornou-se um pai opressivo e talvez invejoso.

Faraday acabou cada vez mais ressentido com o mentor que tanto admirara, inclusive amargando um desprezo moralista por

---

[5] O termo "cientista" não existia em 1812; cunhou-o grande historiador da ciência William Whewell, em 1834.

seus pendores mundanos. Adepto de uma seita religiosa fundamentalista, ele desaprovava todos os títulos, honrarias e cargos, e mais tarde os recusaria resolutamente. No entanto, no fundo, entre os dois existia uma afeição e uma intimidade intelectual que eles nunca abandonaram. Como ambos eram tímidos e se expressavam com certa formalidade, só se pode fazer suposições sobre a história real dos dois. Contudo, o encontro criativo dessas duas mentes do mais alto calibre em um relacionamento prolongado e intenso foi da maior importância para ambos e para a história da ciência.

Davy ambicionava status, prestígio e poder; três dias depois de sagrado cavaleiro casou com Jane Apreece, uma herdeira bem relacionada e de pretensões intelectuais, prima de Sir Walter Scott. Lady Davy (como Sir Humphry sempre se referia a ela), uma mulher de fala brilhante, presidia um sarau literário em Edimburgo, mas, assim como o marido, estava acostumada à independência e à adulação, o que pouco combinava com a vida doméstica. O casamento foi não só infeliz, mas também nocivo para o empenho de Davy pela ciência. Uma parcela cada vez maior de sua energia passou a ser dedicada a confraternizar com aristocratas, imitá-los ("ele se derretia com um lorde", comenta Knight) e tentar ser um deles — aspiração sem esperanças na Inglaterra da Regência, onde a classe de um homem era fatalmente determinada pelo nascimento e não podia ser alterada por importância, título ou casamento.

Os Davy não partiram de imediato em lua de mel; planejaram passar um ano juntos no Continente assim que Humphry concluísse suas pesquisas correntes. Ele estava pesquisando sobre a pólvora e outros explosivos e, em outubro de 1812, fez experimentos com o primeiro "alto" explosivo, o tricloreto de nitrogênio, que já custou dedos e olhos a muita gente. Davy descobriu vários novos modos de combinar nitrogênio com cloro e, numa visita a um amigo, provocou uma tremenda explosão. Seu irmão e admirador John descreveu o episódio em detalhes: "É preciso usá-lo com imensa cautela. Não é seguro fazer experimentos com um glóbulo de tamanho superior a uma cabeça de alfinete. Um pedaço pouco maior do que isso feriu-me com gravidade".

Davy ficou parcialmente cego e só se recuperou por completo depois de quatro meses. Não há descrições dos danos à casa do amigo.

A lua de mel foi bizarra e cômica. Davy carregou uma porção de equipamentos químicos e vários materiais: "Uma bomba de ar, uma máquina elétrica, uma bateria voltaica [...] um maçarico, um fole e uma forja, aparelhagem para gás de mercúrio e água, copos e bacias de platina e vidro, e os reagentes comuns da química", aos quais adicionou alguns altos explosivos para fazer experimentos. Levou também seu jovem assistente, Faraday (que foi tratado como criado por Lady Davy e não tardou a odiá-la).

Em Paris, Davy recebeu a visita de Ampère e Gay-Lussac, que lhe trouxeram, para ouvir seu parecer, a amostra de uma substância preta e reluzente que, quando aquecida, em vez de derreter se transformava num vapor violeta-vivo. Davy pressentiu estar diante de um análogo do cloro e logo confirmou que se tratava de um novo elemento ("uma nova espécie de matéria", como escreveu em seu relatório para a Royal Society); batizou-o com mais um nome cromático: iodo, do grego *ioeides*, cor de violeta.

Da França, o trio em viagem de núpcias seguiu para a Itália, fazendo experimentos pelo caminho: incineração de um diamante, em condições controladas, com uma lupa gigante em Florença;[6] coleta de cristais na borda do Vesúvio; análise do gás emanado de chaminés naturais nas montanhas — Davy descobriu que era idêntico ao gás do pântano, ou metano; e,

---

[6] Até então, Davy relutava em acreditar que diamante e carvão eram o mesmo elemento; achava que isso ia "contra as analogias da natureza". Talvez fosse um ponto fraco, tanto quanto um ponto forte, o fato de ele às vezes pensar em classificar o mundo químico segundo qualidades concretas e não propriedades formais. (Em grande medida — como nos casos dos metais alcalinos e dos halógenos —, qualidades concretas correspondem a propriedades formais; é raríssimo que elementos tenham várias formas físicas muito diferentes.)

pela primeira vez, análise das amostras de tinta de obras-primas antigas ("meros átomos", proclamou).

Durante essa estranha lua de mel química *à trois* pela Europa, Davy parece ter voltado a ser um rapazote irreprimível, inquisitivo e travesso, cheio de ideias e zombarias. Para Faraday foi uma introdução maravilhosa à vida científica, embora Lady Davy, ao que parece, tenha estado indisposta durante a maior parte do tempo. No entanto, as prolongadíssimas férias tinham de chegar ao fim, e o casal nobilitado voltou a Londres, onde Davy enfrentou o maior desafio prático de sua vida.

A Revolução Industrial, a pleno vapor, devorava carvão em quantidades cada vez maiores; as minas eram exploradas cada vez mais fundo, atingindo profundidades suficientes para encontrar os gases inflamáveis e venenosos "grisu" (metano) e "mofeta" (dióxido de carbono). Os mineiros portavam um canário engaiolado que servia de alerta para a presença da asfixiante mofeta, mas a primeira indicação do grisu era, muitas vezes, uma explosão fatal. Era importantíssimo inventar uma lâmpada que os mineradores pudessem levar para as profundezas escuras sem perigo de inflamar bolsões de grisu.

Davy fez várias tentativas para criar sua lâmpada e, com isso, descobriu alguns princípios. Constatou que o uso de finos tubos metálicos em lanternas herméticas impedia a propagação de explosões. Experimentou usar telas de arame e descobriu que as chamas não podiam atravessá-las.[7] Com o emprego de tubos e telas, as lâmpadas aperfeiçoadas de Davy, testadas em 1816, não só se mostraram seguras, mas, de acordo com a aparência da chama, serviram como indicadores confiáveis da presença de grisu.[8]

---

[7] Davy prosseguiu investigando a chama e, um ano depois da lâmpada de segurança, publicou "Some New Researches on Flame" [Algumas novas pesquisas sobre chamas]. Mais de quarenta anos depois, Faraday retomaria o assunto em sua famosa série de conferências na Royal Institution em 1861, publicada como *A história química de uma vela*.

[8] Foi essa minha apresentação a Humphry Davy quando menino, quando minha mãe me levou ao andar mais alto do Museu de Ciência em Londres, onde havia uma imitação bem realista de uma mina de carvão do século XIX. Minha mãe me mostrou a lâmpada de Davy e explicou como ela tornou mais seguro trabalhar em minas de carvão;

Davy nunca buscou ser remunerado pela invenção da lâmpada de segurança, tampouco a patenteou: deu-a de graça ao mundo (em contraste com seu amigo William Hyde Wollaston, que ganhou uma fortuna com a exploração comercial do paládio e da platina). Foi esse o auge da vida pública de Davy, assim como o auge de sua vida intelectual haviam sido suas pesquisas eletroquímicas. Com a invenção da lâmpada de segurança oferecida aos conterrâneos, a atenção e o reconhecimento do público atingiram novos patamares.

Davy tinha uma dimensão visionária, mística, não evidente em seus contemporâneos (exceto, talvez, em Coleridge e Faraday, que o conheciam tão bem e que também eram, cada qual a seu modo, fenomenais e estranhos), oculta por trás do brilho ofuscante de suas conquistas práticas.

Davy se empenhava em ser um empirista, mas também fazia parte do movimento romântico e de sua *Naturphilosophie*, e assim permaneceu por toda a vida. Não existe necessariamente uma contradição entre a filosofia mística ou transcendente e um modo rigoroso e empírico de fazer experimentos e observações; as duas correntes podem andar juntas, como sem dúvida andaram com Newton. Na juventude, Davy fora fascinado pela filosofia idealista e se beneficiara das arrebatadas traduções que Coleridge fizera de obras de Friedrich Schelling; seu próprio trabalho trouxe a confirmação empírica para algumas das noções de Schelling: que o universo era um todo dinâmico, mantido coeso por energias de valência oposta e em que a energia, independentemente de como fosse transformada, sempre se conservava.

---

depois me mostrou outra lâmpada de segurança, a lâmpada de Landau. "Meu pai, seu avô, inventou essa quando era jovem, em 1869", ela disse. "Era ainda mais segura que o projeto original e substituiu a lâmpada de Davy." Fiquei arrepiado. Tive a noção — infantil, mas muito clara — de que a ciência era um empreendimento totalmente humano: influências, conversas entre as eras.

Para Newton, o espaço era apenas um meio desestruturado no qual ocorria o movimento, enquanto forças como a gravidade eram muito misteriosas e pareciam exemplificar a "ação à distância". Só com Faraday emergiu a noção de que as forças apresentam estrutura, de que ímãs ou fios condutores de correntes criam um campo carregado. No entanto, me parece que Davy chegou perto da ideia de "campo" — o conceito transcedente e, em certo sentido, romântico que devemos a Faraday. O que será que se passou entre esses dois gênios visionários, Faraday e Davy, quando — empolgados com o trabalho de Ørsted, Ampére e outros — raciocinaram juntos sobre os recém-descobertos fenômenos do eletromagnetismo? É tentador pensar em Davy como uma figura que teria feito a junção entre os universos idealistas de Leibniz e Schelling e os universos modernos de Faraday, Clerk Maxwell e Einstein.

Em 1820, Davy recebeu a mais alta honraria em ciência: a presidência da Royal Society. Newton exercera esse cargo por 24 anos; antes de Davy, o aristocrático Sir Joseph Banks presidira a entidade por 42 anos. Nenhum outro posto em ciência conferia mais poder ou prestígio, mas também nenhum outro implicava mais fardos diplomáticos ou administrativos. Segundo estimativas, Banks escreveu mais de 50 mil cartas, talvez até 100 mil durante seu mandato. Agora essa tarefa esmagadora cabia a Davy.

Ainda mais sérias foram as repercussões dos esforços de Davy para reformar a Royal Society, que, nos anos 1820, em certa medida passara a ser uma associação de homens bem-nascidos e às vezes talentosos, que na verdade não haviam feito grande coisa pela ciência. Com certa falta de tato, Davy argumentou que a sociedade andava perdendo sua boa reputação e que seus membros deviam provar o quanto valiam. Seus esforços constantes e com frequência rudes para diminuir o patrocínio improdutivo e moldar aquela congregação de amadores e cavalheiros em profissionais provocaram rebeldia e irritação. Davy passou a sofrer escárnio e hostilidade cada vez maiores.

Ele, que já fora elogiado por suas maneiras cativantes, reagiu a tudo isso com fúria, arrogância e intransigência. Pode-se ver a raiva no rosto intumescido e rubro em seu retrato pendurado na Royal Institution. Nas palavras de Knight, aquele que fora o mais popular cientista da Inglaterra se tornou "um dos mais malquistos homens de ciência de todos os tempos".

Foram tempos ruins para Davy. Continuamente atribulado pelas trivialidades da Royal Society, acuado pela maioria dos colegas, apartado de Coleridge e de outros amigos com quem outrora conhecera a franqueza e a felicidade, preso a um casamento sem amor e sem filhos, cada vez mais consciente, conforme se aproximava da casa dos quarenta, de vagos sintomas orgânicos talvez prenunciadores dos problemas que haviam levado à morte precoce de seu pai, Davy tinha razões para lamentar seu estado e sentir saudade dos poderes de um tempo passado. Distrações em demasia o impediam de fazer qualquer trabalho original, algo que sempre fora sua principal, e às vezes única, fonte de paz interior e estabilidade; pior: ele não se sentia mais na vanguarda de sua área e percebia que os contemporâneos o consideravam obsoleto ou desimportante. O sueco Berzelius, que agora influenciava toda a química inorgânica, reduziu a obra de Davy a nada mais do que "fragmentos brilhantes".

Seu sentimento de perda, uma nostalgia sem esperanças, intensificava-se ano a ano. "Ah!", ele escreveu em 1828,

> Pudesse eu reaver algo daquele viço mental que tinha aos 25 anos... o que eu não daria! [...] Como me lembro bem daquele tempo encantador, quando, cheio de poder, eu procurava poder em outros; e poder era afinidade, e afinidade, poder; quando os mortos e os desconhecidos, os grandes de outras eras e lugares distantes, faziam-se, pela força da imaginação, meus companheiros e amigos.

Em 1826 morreu a mãe de Davy, a quem ele era especialmente apegado, como Newton à dele. Essa perda o afetou demais. Poucos meses depois, aos 48 anos, ele sofreu, como seu pai na mesma idade, um adormecimento transitório na mão e no braço, e uma fraqueza na perna, seguidos por um AVC. Embora tenha se recobrado depressa, a gravidade e importância do episódio alteraram seu modo de pensar. De repente ele se sentiu farto daquelas batalhas intermináveis na Royal Society, das incessantes obrigações de sua vida mundana: "Minha saúde se foi, minha ambição se satisfez, já não me animava o desejo de distinção; o que eu prezava com mais ternura estava na sepultura".

Uma das recreações de Davy, talvez a única, em sua vida adulta, era pescar. Ele, que em outras atividades era irritadiço, pernóstico ou arredio, recuperava a cordialidade, seu verdadeiro eu, quando pescava. Eram os momentos em que sua mente reavia a juventude e o viço, e em que ele podia, como antes, deleitar-se na pura marcha das ideias. Ao longo dos anos, Davy, um hábil pescador, tornou-se igualmente grande conhecedor de iscas e peixes. Um de seus últimos ensaios na coletânea *Salmonia* é ao mesmo tempo uma meditação sobre história natural, uma alegoria, um diálogo e um poema; Knight descreve a obra como "um livro de pesca impregnado de teologia natural".

Depois de concluí-lo, Davy zarpou para a Eslovênia em companhia de seu afilhado John Tobin, último de seus "filhos" científicos. Fora da Inglaterra e de seu clima, que em sua opinião mantinha "o sistema nervoso em um estado de perturbação constante", Davy talvez tivesse esperança de acolher, avaliar e comunicar seus derradeiros pensamentos: "Busquei e encontrei consolo, e recuperei em parte a saúde após uma doença perigosa [...] Encontrei o espírito da minha visão inicial. [...] A Natureza nunca nos engana; as rochas, as montanhas, os rios sempre falam a mesma língua".

Depois do último AVC, que se mostraria letal, em fevereiro de 1829, ele ditou esta carta, seu *Nunc Dimittis*: "Estou morrendo de um grave ataque de paralisia que acometeu o corpo inteiro, com exceção do órgão intelectual. [...] Louvo a Deus por ter sido capaz de concluir minha labuta intelectual".

Observei que Humphry Davy foi um herói para quase todos os garotos da minha geração que se interessavam por química ou ciência. Todos conhecíamos e repetíamos seus famosos experimentos, imaginando-nos no lugar dele. Davy também teve seus companheiros ideais na juventude, em especial Newton e Lavoisier. Newton era para ele uma espécie de Deus, mas o segundo era mais chegado, mais como um pai com quem ele podia conversar, concordar, discordar. Seu primeiro ensaio, publicado por Beddoes, embora questionasse ardorosamente Lavoisier, era, na verdade, um diálogo com Lavoisier. Todos precisamos de figuras assim, desses ideais do ego, e por toda a vida.[9]

Hoje, quando falo com meus amigos mais jovens, descubro consternado que nenhum desses cientistas ouviu falar de Davy, e alguns ficam perplexos quando lhes conto sobre meu interesse. Eles têm dificuldade para conjecturar a importância dessa ciência "antiga". A ciência é impessoal, agora se costuma dizer, consiste em "informações" e "conceitos" que avançam continuamente, por um processo de revisão e substituição no qual eles se tornam obsoletos. Dessa perspectiva, a ciência do passado é irrelevante para o presente, interessa apenas ao historiador ou ao psicólogo.

No entanto, não é isso que constato na realidade: quando decidi escrever meu primeiro livro, *Enxaqueca*, em 1967, fui estimulado pela natureza desse mal e pelos contatos com meus pacientes, mas também, e foi crucial, por um "velho" livro sobre o tema, *Megrim*, de Edward Liveing, escrito nos anos 1870. Retirei esse livro na quase nunca consultada seção histórica da biblioteca da faculdade de medicina e o li de ponta a ponta, numa espécie de êxtase. Reli-o muitas vezes por seis meses e passei a conhecer Liveing muitíssimo bem. Sua presença e seu modo de pensar estavam sempre comigo. Meu prolongado encontro com ele foi essencial para gerar meus pensamentos e meu livro. E foi um encontro desse tipo com Humphry Davy, quando eu tinha doze anos, que me confirmou no caminho da ciência. Como poderia acreditar que a história da ciência, o passado, é irrelevante?

---

[9] O tema geral dos ideais do ego e da necessidade universal deles é explorado em particular no capítulo introdutório ("Making Great Men Ours" [Tornando nossos os grandes homens]) do livro de Leonard Shengold *The Boy Will Come to Nothing! Freud's Ego Ideal and Freud as Ego Ideal* [O menino não será nada! O ideal do ego de Freud e Freud como ideal do ego].

Não acho que minha experiência seja única. Muitos cientistas, tanto quanto os poetas ou os artistas, têm uma relação viva com o passado, não apenas uma noção abstrata da história e da tradição, mas o sentimento de que, em tempos idos, existiram companheiros e predecessores, ancestrais com os quais eles mantêm uma espécie de diálogo implícito. A ciência às vezes vê a si mesma como "impessoal", "pensamento puro", independente de suas origens históricas e humanas. Com frequência se ensina que essa é a verdade. Contudo, a ciência é um empreendimento inteiramente humano, um crescimento humano orgânico e em evolução, com súbitos arrancos, paradas e estranhos desvios também. Ela cresce do nosso passado, mas nunca o descarta, do mesmo modo que não descartamos nossa infância.

BIBLIOTECAS

Quando eu era criança, meu lugar favorito em casa era a biblioteca, uma sala espaçosa com as quatro paredes revestidas de lambris de carvalho e estantes de livros — e, no centro, uma mesa maciça para escrever e estudar. Era ali que meu pai, estudioso do hebraico, mantinha sua coleção especial de livros; e também todas as peças de Ibsen (ele e minha mãe se conheceram em uma associação de estudantes de medicina fãs de Ibsen); ali, em uma única prateleira, estavam os jovens poetas da geração de meu pai, muitos deles mortos na Primeira Guerra Mundial; e ali, nas prateleiras mais baixas, para que eu os pudesse alcançar com facilidade, ficavam os livros de aventuras e história que pertenciam aos meus três irmãos mais velhos. Foi lá que encontrei *O livro da selva*, de Kipling; foi intensa minha identificação com Mogli, cujas aventuras serviram de ponto de partida para minhas próprias fantasias.

Minha mãe guardava seus livros favoritos em uma estante separada, na sala: Dickens, Trollope e Thackeray, as peças de Bernard Shaw encadernadas em verde-claro e uma coleção completa de Kipling em couro marroquino vermelho. Havia uma bela coleção em três volumes das obras de Shakespeare, um Milton com corte dourado e outros livros, principalmente de poesia, que minha mãe ganhara em prêmios escolares.

Os volumes de medicina ficavam trancados num armário especial na sala que servia como consultório dos meus pais (mas a chave estava sempre na porta, portanto era fácil destrancá-la).

A biblioteca de lambris de carvalho era o aposento mais tranquilo e bonito, para o meu gosto, e competia com meu pequeno laboratório de química como o lugar em que eu mais gostava de estar. Aninhado numa poltrona, eu ficava tão envolvido na leitura que perdia a noção de tempo. Sempre que me atrasava para o almoço ou o jantar, podiam me encontrar na biblioteca, totalmente enfeitiçado por um livro. Aprendi a ler cedo, com três ou quatro anos, e nossa biblioteca está entre as minhas primeiras memórias. Mas a biblioteca primordial, para mim, era a biblioteca pública de Willesden, no bairro. Foi lá que passei muitas das horas mais felizes da infância — minha casa ficava a cinco minutos a pé —, lá que tive minha verdadeira educação.

De modo geral eu não gostava da escola — ficar sentado na sala de aula, receber instrução; as informações pareciam entrar por um ouvido e sair pelo outro. Não conseguia ser passivo; tinha de ser ativo, aprender por conta própria, aprender o que *eu* quisesse e do modo que mais me conviesse. Não era bom aluno, mas era bom em aprender, e na biblioteca de Willesden — assim como em todas as que vieram mais tarde — mexia à vontade nas prateleiras e estantes, livre para escolher o que me apetecesse, seguir caminhos que me fascinassem, tornar-me eu mesmo. Na biblioteca eu me sentia livre: livre para perscrutar milhares, dezenas de milhares de livros, livre para perambular e desfrutar a atmosfera especial e a companhia silenciosa de outros leitores, todos igualmente imersos em suas buscas particulares.

Com os anos, minhas leituras tenderam cada vez mais para as ciências, em especial astronomia e química. A St. Paul's School, onde fui estudar aos doze anos, tinha uma biblioteca central excelente, a Walker Library, que privilegiava obras de história e política, mas não podia me oferecer todos os livros de ciência e sobretudo de química pelos quais eu ansiava. Foi graças a uma recomendação especial de um dos professores que consegui um cartão da biblioteca do Museu de Ciência, e lá devorei os muitos volumes do *Comprehensive Treatise on Inorganic and Theoretical Chemistry* [Tratado completo de química inorgânica e teórica], de Mellor, e o ainda mais vasto *Gmelin Handbook of Inorganic Chemistry* [Guia Gmelin de química inorgânica].

Quando entrei na universidade, pude ter acesso às duas grandes bibliotecas de Oxford, a Radcliffe, de ciências, e a Bodleian, uma esplêndida biblioteca geral cujas origens remontavam a 1602. Foi na Bodleian que topei com as hoje obscuras e esquecidas obras de Theodore Hook, um homem muito admirado no século XIX pela agudeza de espírito e por seus inúmeros talentos para a improvisação teatral e musical. Hook me fascinou tanto que decidi escrever uma espécie de biografia ou "relato de caso" sobre ele. Nenhuma outra biblioteca — exceto a do Museu Britânico — poderia fornecer o material de que eu precisava, e a atmosfera tranquila da Bodleian era perfeita para quem queria escrever.

Mas a biblioteca que eu mais amava em Oxford era a nossa, do Queen's College. O magnífico prédio fora projetado por Christopher Wren e, em seu subsolo, num labirinto de tubos de calefação e prateleiras, ficavam os vastos acervos subterrâneos. Poder segurar livros antigos, incunábulos, era uma experiência nova para mim — eu gostava em especial da *Historiae Animalum*, de Gesner (1551), ilustrado com gravuras esplêndidas, entre elas o desenho de um rinoceronte feito por Dührer, e de uma coleção em quatro volumes sobre peixes fósseis de Agassiz. Também foi lá que vi todas as obras de Darwin em suas edições originais, e foi em suas estantes que encontrei e amei todas as obras de Sir Thomas Browne — *Religio Medici*, *Hydriotaphia*, *The Garden of Cyrus* (*The Quincunciall Lozenge*) [O jardim de Ciro (O lozango quincuncial)]. Como eram absurdas algumas delas, mas que linguagem formidável! E se a magniloquência clássica de Browne cansasse de vez em quando, sempre se podia passar para as alfinetadas lapidares de Swift — cujas obras, naturalmente, eram todas da primeira edição. Embora eu tivesse crescido em meio aos livros preferidos dos meus pais, do século XIX, foram as catacumbas da biblioteca do Queen's College que me apresentaram à literatura dos séculos XVII e XVIII: Johnson, Hume, Pope e Dryden. Todos eles ficavam à disposição, sem empecilhos, não em algum enclave de obras raras especial e trancado, mas bem ali nas prateleiras, como (eu imaginava) desde sua publicação original. Foi nas criptas do Queen's College que eu realmente adquiri uma noção de história e da minha língua materna.

Cheguei a Nova York em 1965 e fui morar em um apartamentozinho horroroso, tão atravancado que eu quase não tinha onde ler ou escrever. Mal e mal consegui, com o cotovelo desajeitado no ar, escrever parte do meu livro *Enxaqueca* apoiado no topo da geladeira. Eu ansiava por espaço. Felizmente, a biblioteca da Faculdade de Medicina Albert Einstein, onde eu trabalhava, tinha espaço de sobra. Eu me sentava a uma mesa grande para ler ou escrever por algum tempo, depois errava entre as prateleiras e corredores. Nunca sabia onde meus olhos poderiam bater, mas às vezes descobria tesouros inesperados, achados felizes, e os conduzia até meu assento.

Embora a biblioteca fosse silenciosa, às vezes umas conversas sussurradas começavam nos corredores — duas pessoas, talvez à procura do mesmo livro antigo, dos mesmos volumes encadernados do periódico *Brain* publicados em 1890. —, e das conversas poderiam nascer amizades. Cada um estava lendo seu livro, absorto em seu mundo, mas ainda assim havia um senso de comunidade, até de intimidade. A presença física dos livros — seu lugar nas prateleiras, os tomos vizinhos — fazia parte desse companheirismo: manuseá-los, compartilhá-los, passá-los de uma pessoa a outra e até ver os nomes de quem os levara anteriormente e as datas em que foram retirados.

Mas, nos anos 1990, uma mudança estava ocorrendo. Eu continuava a visitar a biblioteca com frequência, sentava-me à mesa diante de uma montanha de livros, porém os estudantes desprezavam as estantes cada vez mais: acessavam pelo computador os textos de que precisavam. Poucos iam até as estantes. No que lhes dizia respeito, os livros eram desnecessários. E, como a maioria dos usuários já não consultava os livros propriamente ditos, a faculdade decidiu, por fim, livrar-se deles.

Eu nem imaginava que isso estava acontecendo, e não só na Einstein, mas nas bibliotecas universitárias e públicas do país todo. Fiquei horrorizado quando há pouco tempo fui a uma e encontrei as prateleiras, antes abarrotadas, agora ocupadas aqui e ali. Ao que parece, nestes últimos anos a maioria dos livros foi descartada, e espantosamente ninguém reclamou. Tive a sensação de que fora cometido um assassinato, um crime: a destruição de séculos de conhecimento. Ao ver minha consternação, um bibliotecário me assegurou de que tudo o que tinha "valor" havia sido digitalizado. Acontece que eu não uso computador e sinto uma tristeza profunda com a perda de livros e até de periódicos encadernados, pois existe algo insubstituível num livro físico: sua aparência, seu cheiro, seu peso. Pensei no quanto a biblioteca outrora tratava com zelo os livros "antigos", com uma sala especial para os raros, e me lembrei de quando, em 1967, xeretando nas estantes, encontrei uma obra de 1873, *Megrim*, de Edward Liveing, que me inspirou a escrever meu primeiro livro.

VIAGEM PELO CÉREBRO

Li pela primeira vez *A Journey Round my Skull* [Viagem pelo meu crânio], de Frigyes Karinthy, aos treze ou catorze anos — quando, mais tarde, escrevi meus relatos de casos neurológicos, penso que deva ter sido influenciado por ele. Relendo-o agora, passados sessenta anos, vejo que seu conteúdo permanece notavelmente válido. Não se trata apenas de um elaborado relato de caso: é um livro que descreve o complexo impacto de uma doença que ameaçou a visão, a mente e a vida de um homem de talento e sensibilidade extraordinários, quase um gênio, que estava no auge da vida. É uma viagem por lampejos perceptivos, por estágios simbólicos.

A obra tem lá seus defeitos: há longas digressões filosóficas e literárias, quando o leitor talvez preferisse uma narrativa mais enxuta, e certo grau de artifício e descomedimento — embora Karinthy se aperceba de tudo isso à medida que avança no texto e a experiência modere seu arrebatamento, e conforme procura fundir sua imaginação romanesca às realidades factuais e até mesmo clínicas de sua situação. Apesar das imperfeições, considero uma obra-prima. Hoje somos inundados por relatos médicos biográficos e autobiográficos — um gênero que deslanchou nos últimos vinte anos. Porém, ainda que a tecnologia médica possa ser outra, a experiência humana não mudou, e *A Journey Round my Skull*, primeira descrição autobiográfica de uma viagem pelo cérebro, continua sendo uma das melhores.

Frigyes Karinthy, nascido em 1887 na Hungria, foi um célebre poeta, dramaturgo, romancista e humorista; aos 48 anos, passou a sofrer o que, em retrospecto, constatou-se serem os primeiros sintomas de um tumor em crescimento em seu cérebro. Uma noite, ele tomava chá em seu bistrô favorito em Budapeste quando ouviu "um ribombo nítido, seguido de uma reverberação lenta, crescente [...] um estrondo cada vez mais forte [...] que foi diminuindo até o silêncio". Ele ergueu os olhos e viu, surpreso, que nada estava acontecendo. Não havia nenhum trem; por sinal, ele não estava perto de nenhuma estação ferroviária. "Que brincadeira é essa?", Karinthy pensou. "Trens correndo lá fora [...] ou algum novo meio de transporte?" Só depois do quarto "trem" ele se deu conta de que estava tendo uma alucinação.

Em seu relato biográfico, Karinthy reflete que, algumas vezes, ouvira sussurrarem seu nome — todos nós já tivemos experiências desse tipo. Mas dessa vez era algo bem diferente:

> O estrondo de um trem [era] alto, insistente, contínuo. Era forte o suficiente para abafar sons reais. [...] Depois de algum tempo, percebi, espantado, que não dizia respeito ao mundo exterior [...] o barulho só podia estar vindo de dentro da minha cabeça.

Muitos pacientes me descreveram suas primeiras experiências de alucinações auditivas — o mais das vezes, não vozes nem barulhos, e sim música. Todos eles, como Karinthy, olharam em volta à procura da fonte do som, e só quando não conseguiram encontrar nenhuma origem possível concluíram, relutantes, às vezes receosos, que estavam tendo uma alucinação. Muitos nessa situação temem estar enlouquecendo — pois não é típico da loucura "ouvir coisas"?

Karinthy não estava preocupado com isso:

> Não achei o incidente nem um pouco assustador, apenas muito esquisito e incomum. [...] Eu não podia ter enlouquecido, pois se assim fosse seria incapaz de diagnosticar meu problema. Alguma coisa devia estar errada.

Assim, o início do primeiro capítulo de seu relato biográfico ("O trem invisível"), como numa história de detetive ou de mistério, apresenta um incidente estrambótico e bizarro — reflexo das mudanças que, lentas e sorrateiras, começavam a acontecer em seu cérebro. Karinthy seria ao mesmo tempo sujeito e investigador do drama cada vez mais complexo para o qual foi arrastado em seguida.

Talentoso e precoce (escreveu o primeiro romance aos quinze anos), Karinthy alcançou a fama em 1912, com 25 anos, quando nada menos do que cinco de seus livros foram publicados. Embora formado em matemática e muito interessado por todos os aspectos da ciência, ele era conhecido sobretudo pelos textos satíricos, as paixões políticas e o senso de humor surreal. Escrevera obras filosóficas, peças teatrais, poemas, romances e, na época de seus sintomas iniciais, havia começado a redigir uma vasta enciclopédia que esperava fosse o equivalente do século xx da monumental *Enciclopédia* de Diderot. Para todas suas obras anteriores ele sempre traçara um plano, uma estrutura, mas agora, forçado a prestar atenção ao que estava acontecendo em seu cérebro, ele só podia registrar, fazer anotações e refletir, sem nenhuma noção clara do que viria pela frente, nenhuma ideia sobre o destino dessa sua nova jornada.

Os ruídos alucinatórios de trem logo se tornaram comuns na vida de Karinthy. Ele passou a ouvi-los regularmente, toda noite às sete horas, estivesse em seu bistrô favorito ou em qualquer outro lugar. E, dentro de poucos dias, coisas ainda mais estranhas começaram a acontecer:

O espelho à minha frente pareceu mover-se. Não mais do que três ou quatro centímetros, e então parou quieto. [...] Mas o que estava acontecendo agora? [...] Eu não sentia dor de cabeça, nenhum tipo de dor, não estava ouvindo trens, meu coração estava totalmente normal. [...] No entanto, tudo, eu, inclusive, parecia ter perdido o contato com a realidade. As mesas permaneciam em seus lugares de costume, dois homens estavam andando pelo bistrô, e diante de mim eu via o habitual jarro de água e a caixa de fósforo. Porém, de algum modo estranho, assustador, todos haviam se tornado acidentais, como se estivessem ali por puro acaso e pudessem muito bem estar em qualquer outro lugar. [...] E agora toda a maleta de truques começava a rolar solta, como se o chão a meus pés houvesse cedido. Eu queria me segurar em alguma coisa. [...] Não havia ponto fixo em lugar algum. [...] A menos, talvez, que eu conseguisse encontrar algum na minha cabeça. Se conseguisse me apoderar de uma única imagem, memória ou associação, isso me ajudaria a reconhecer a mim mesmo. Até uma palavra poderia servir.

É uma descrição notável de como se sente alguém que viu ruírem os próprios alicerces da percepção, da consciência, do eu — que despencou (talvez apenas por alguns momentos, que podem parecer uma eternidade) no que Proust chamou de "o abismo do não ser" e ansiou desesperadamente por alguma imagem, alguma memória, alguma palavra com a qual puxar-se para fora.

A essa altura, Karinthy começou a perceber que talvez ele tivesse algum problema grave e estranho; cogitou que poderia estar sofrendo convulsões ou prestes a ter um AVC. Nas semanas seguintes, passou a sentir ainda outros sintomas: ânsias de vômito e enjoo, dificuldades no equilíbrio e no andar. Fez o possível para desconsiderar e minimizar tudo isso, mas por fim, preocupado com sua visão que se tornava cada vez mais enevoada, consultou um oftalmologista e enveredou por uma frustrante odisseia médica:

O médico com quem me consultei pouco depois nem sequer me examinou. Antes que eu pudesse descrever metade dos meus sintomas, ele ergueu a mão: "Meu caro, você não tem catarro auricular nem sofreu AVC. [...] Intoxicação por nicotina, é isso que você tem".

Será que os médicos de Budapeste em 1936 eram piores que, digamos, os médicos de Nova York ou Londres setenta anos mais tarde? Não ouvir, não examinar, ser presunçoso, tirar conclusões precipitadas — todas elas características onipresentes e perigosas, hoje como ontem (como tão bem descreve Jerome Groopman em seu livro *Como os médicos pensam*). Distúrbios 100% tratáveis podem deixar de ser reconhecidos, ficam sem diagnóstico até ser tarde demais. Se o primeiro médico que Karinthy procurou o houvesse examinado, ele teria constatado um problema de coordenação que indicaria um distúrbio cerebelar; se examinasse o fundo de olho, teria visto um papiledema — um inchaço das papilas, os discos ópticos —, sinal certeiro de aumento da pressão no cérebro. Se prestasse atenção no que seu paciente estava tentando lhe dizer, não seria tão arrogante: ninguém tem esse tipo de alucinação auditiva nem súbitos solapamentos da consciência sem uma causa cerebral significativa.

No entanto, Karinthy frequentava a rica e fértil cultura dos cafés de Budapeste, e seu círculo social incluía não só escritores e artistas, mas também cientistas e médicos. Talvez isso lhe tenha dificultado receber um parecer franco, pois seus médicos eram também seus amigos ou colegas. Com o passar das semanas, Karinthy, embora menosprezando seus sintomas, começou a ser assombrado por duas lembranças: a de um jovem amigo que morrera por tumor cerebral e a de um filme a que ele assistira, no qual o grande neurocirurgião pioneiro Harvey Cushing operava o cérebro de um sujeito consciente.

Desconfiando, a essa altura, de que talvez também tivesse um tumor cerebral, Karinthy insistiu para que o oftalmologista, amigo seu, examinasse suas retinas com atenção. A expressiva descrição dessa cena, ao mesmo tempo estarrecedora e muito irônica, evidencia sua perspicácia e seu grande talento cômico. Espantado com a insistência de Karinthy, o médico que caçoara dele alguns meses antes pegou o oftalmoscópio e olhou:

> Quando ele se aproximou e se curvou para me examinar, senti o instrumentozinho engenhoso roçar meu nariz e ouvi o ligeiro esforço que ele fazia para conter a respiração enquanto se empenhava em me observar atentamente. Esperei pela costumeira tranquilização. "Está tudo bem. Você só precisa de lentes novas — um pouquinho mais fortes dessa vez. [...]" A realidade foi muito diferente. O dr. H. deixou escapar um assobio. [...]
> Ele pôs seu instrumento na mesa e inclinou a cabeça para um lado. Vi que me olhava com uma espécie de assombro sério, como se eu de súbito me tornasse um estranho para ele.

De repente, Karinthy deixou de ser ele mesmo, um conhecido, um igual, um ser humano semelhante, com medos e sentimentos — e se tornou um espécime. O dr. H. "ficou tão empolgado quanto um entomologista que depara com um espécime cobiçado". O médico saiu correndo e foi chamar seus colegas:

> Em um tempo inacreditavelmente curto, a sala se encheu. Assistentes, plantonistas, estudantes entraram em avalanche, roubando com sofreguidão o oftalmoscópio uns dos outros.

Veio o catedrático em pessoa, virou-se para o dr. H. e exclamou: "Meus parabéns! Um diagnóstico admirável!".
Enquanto a turma de jaleco se congratulava mutuamente, Karinthy tentou falar:

> "Senhores...!", comecei humildemente.
> Todos se viraram para mim. Parece que só então perceberam que eu fazia parte do grupo, e não só minhas papilas, que tinham se tornado o foco de interesse.

Essa é uma cena que poderia ocorrer, e de fato ocorre, em hospitais do mundo todo — o súbito enfoque em uma patologia bizarra e o esquecimento total do (talvez aterrorizado) ser humano que por acaso a apresenta. Todos os médicos são culpados desse proceder, e por isso precisamos de livros escritos do ponto de vista do paciente. É salutar ser lembrado por alguém tão espirituoso, observador e eloquente quanto Karinthy de como o elemento humano tende a ser esquecido no enlevo desse tipo de emoção "entomológica".

Mas também precisamos nos lembrar do quanto era difícil e delicada a arte de diagnosticar e localizar um tumor cerebral setenta anos atrás. Nos anos 1930 não existiam exames de ressonância magnética nem tomografia computadorizada; havia apenas procedimentos complicados, e às vezes perigosos, como injetar ar nos ventrículos ou corante nos vasos sanguíneos do cérebro.

Por isso, Karinthy passou meses sendo encaminhado de um especialista a outro, e nesse meio-tempo sua visão piorou. Quando ele já estava quase cego na prática, adentrou um mundo estranho onde não podia mais ter certeza se estava enxergando ou não:

> Eu tinha aprendido a interpretar qualquer pista fornecida pela mudança de luz e a completar de memória o efeito geral. Estava me acostumando a essa estranha penumbra na qual vivia e quase começava a gostar dela. Ainda conseguia ver razoavelmente bem o contorno de figuras, e minha imaginação fornecia os detalhes, como um pintor que preenche uma tela vazia. Tentava formar uma imagem de qualquer rosto que via à minha frente observando a voz e os movimentos da pessoa. [...] A ideia de que eu talvez já estivesse cego de repente me encheu de terror. O que eu imaginava ver talvez não fosse mais do que o material de que são feitos os sonhos. Talvez só estivesse usando as palavras e vozes das pessoas para reconstruir o mundo perdido da realidade. [...] Estava no limiar entre realidade e imaginação, e começava a duvidar de qual era qual. Meu olho físico e meu olho mental estavam se fundindo em um só.

Quando Karinthy estava prestes a ficar cego para sempre, veio por fim um diagnóstico preciso do tumor, feito pelo eminente neurologista vienense Otto Pötzl, que recomendou uma cirurgia imediata. Karinthy, em companhia de sua mulher, pegou uma série de trens até a Suécia para se consultar com Herbert Olivecrona, aluno de Harvey Cushing e um dos melhores neurocirurgiões do mundo.

O perfil que Karinthy traça de Olivecrona é intensamente perspicaz e irônico, escrito agora em um novo estilo conciso, muito distinto das exuberantes descrições precedentes. A cortesia e circunspecção do discreto neurocirurgião escandinavo são salientadas com delicadeza, em contraste com a emotividade centro-europeia de seu ilustre paciente. Karinthy deixou para trás as ambivalências, negações e desconfianças: por fim encontrara um médico que merecia sua confiança e até afeição.

Olivecrona lhe diz que a operação irá durar muitas horas, mas que ele receberá apenas anestesia local, pois o cérebro não possui nervos sensitivos, não sente dor — e a anestesia geral em uma cirurgia tão prolongada é arriscada demais. E, ele completa, algumas partes do cérebro, embora não sensíveis à dor, podem evocar memórias visuais ou auditivas muito vivas quando estimuladas.

Karinthy descreve a perfuração inicial:

> Soou um ruído infernal quando o aço mergulhou no meu crânio. Aquilo afundou cada vez mais rápido no osso, e o som ficou mais agudo e mais estridente a cada segundo. [...] De repente, com um movimento brusco, o barulho cessou.

Karinthy ouviu o som de um líquido escorrendo dentro de sua cabeça e se perguntou se era sangue ou liquor. Foi então levado de maca para a sala de raio X, onde injetaram ar nos ventrículos do cérebro para destacá-los e delinear o modo como estavam sendo comprimidos pelo tumor.

De volta à sala de cirurgia, Karinthy foi imobilizado na mesa de operação com o rosto voltado para baixo, e a cirurgia começou para valer. A maior parte de seu crânio ficou exposta e então removeu-se boa parte dele, pedaço a pedaço. Karinthy sentiu

> uma sensação de retesamento, de pressão, um estalo e um tremendo puxão. [...] Algo se quebrou com um baque. [...] Esse processo repetiu-se muitas vezes [...] como se um caixote de madeira estivesse sendo aberto, tábua a tábua.

Assim que o crânio foi aberto, toda a dor cessou — o que, paradoxalmente, foi perturbador:

> Não, meu cérebro não doía. Talvez isso fosse mais exasperante do que se doesse. Eu preferiria sentir dor. Mais aterrador do que qualquer dor real era o fato de que minha posição parecia *impossível*. Era impossível um homem estar ali deitado com seu crânio aberto e seu cérebro exposto ao mundo lá fora — impossível jazer ali e viver [...] impossível, inacreditável, despropositado ele permanecer vivo — e não apenas vivo, mas também consciente e lúcido.

A intervalos, ouvia-se a voz serena e afável de Olivecrona explicando, tranquilizadora, e a apreensão de Karinthy era substituída por calma e curiosidade. Aqui Olivecrona quase parece

Virgílio, guiando seu poeta-paciente pelos círculos e paisagens de seu cérebro.

Na sexta ou sétima hora da operação, Karinthy teve uma experiência singular. Não foi um sonho, pois ele estava totalmente lúcido — embora talvez em um estado de consciência alterado. Ele parecia estar olhando seu corpo do alto, do teto da sala de cirurgia, movendo-se pelas imediações, aproximando e distanciando o foco:

A alucinação consistia em minha mente parecer mover-se em liberdade pela sala. Havia uma única luz, que incidia de modo uniforme sobre a mesa. Olivecrona [...] parecia inclinado à frente [...] a lâmpada em sua testa lançava luz dentro da cavidade aberta do meu crânio. Ele já havia drenado o líquido amarelado. Os lobos do cerebelo pareciam ter cedido e se separado, e eu imaginei que enxergava dentro do tumor aberto. [Olivecrona] tinha cauterizado com uma agulha elétrica incandescente as veias secionadas. O angioma [o tumor composto de vasos sanguíneos] já estava visível, dentro do cisto, um pouco para o lado. O tumor propriamente dito parecia um grande globo vermelho. Na minha visão, parecia ser grande como um florículo de couve-flor. Sua superfície tinha um relevo formando uma espécie de padrão, como um camafeu esculpido. Quase dava pena saber que Olivecrona o destruiria.

A visualização ou alucinação de Karinthy prosseguiu, minuciosa. Ele "viu" seu tumor ser habilmente removido por Olivecrona, que mordia o lábio inferior com concentração e então com satisfação porque a parte essencial da cirurgia estava concluída.

Não sei como denominar essa visualização intensa, derivada de seu conhecimento pormenorizado do que estava de fato acontecendo. O próprio Karinthy emprega o termo "alucinação", e o ponto de vista aéreo, de quem olha para baixo e vê o próprio corpo, é muito característico do que se costuma chamar "experiência extracorpórea". (Experiências extracorpóreas desse tipo são frequentemente associadas a experiências de quase morte, por exemplo, em parada cardíaca ou em percepção de catástrofe iminente — e foram associadas a convulsões de lobo temporal e à estimulação dos lobos temporais durante cirurgia no cérebro.) Qualquer que seja o nome, porém, o que importa é que

Karinthy parecia saber que a operação tinha sido bem-sucedida, que o tumor fora removido sem dano ao cérebro. Talvez Olivecrona lhe tivesse dito isso e Karinthy tenha transformado suas palavras numa visão. Após essa experiência intensa e tranquilizadora, Karinthy caiu num sono profundo e só acordou quando já estava de volta ao leito hospitalar.

A cirurgia tinha corrido bem nas mãos magistrais de Olivecrona — o tumor, que se revelou benigno, fora removido, e Karinthy recuperou-se por completo; recobrou inclusive a visão, que os médicos pensavam estar perdida para sempre. Voltou a ser capaz de ler e escrever, e, com um sentimento exuberante de alívio e gratidão, logo escreveu *A Journey Round my Skull* e enviou o primeiro exemplar da edição alemã ao cirurgião que lhe salvara a vida. Em seguida escreveu outro livro, *The Heavenly Report* [O relatório celestial], obra com estilo e abordagem um tanto diferentes, e então começou um outro, *Message in the Bottle* [Mensagem na garrafa]. Parecia estar com a saúde perfeita e em pleno ímpeto criativo quando morreu subitamente em agosto de 1938. Tinha apenas 51 anos. Disseram que teve um AVC quando se curvou para amarrar o cadarço do sapato.

RELATOS CLÍNICOS

CONGELADO

Em 1957, quando eu estudava medicina sob a orientação de Richard Asher, conheci um paciente dele, o "Tio Toby", e fiquei fascinado por esse estranho encontro entre fato e fábula. O dr. Asher às vezes se referia a ele como "o caso Rip van Winkle.* Lembrei-me vivamente dele, por várias vezes, quando meus próprios pacientes pós-encefalíticos foram "despertados" em 1969, e ele assombrou meu inconsciente por anos.

O dr. Asher foi visitar uma criança doente. Enquanto explicava o tratamento à família, notou uma figura silenciosa e imóvel num canto.

"Quem é?", ele perguntou.

"É o Tio Toby — faz sete anos que ele quase não se mexe."

Tio Toby tornara-se uma presença fixa que nada exigia na casa. Sua desaceleração de início foi tão gradual que a família nem notou; quando, porém, foi se agravando, os parentes, e isso foi inacreditável, aceitaram sua condição, sem mais. Todos os dias lhe davam de comer e de beber, mudavam-no de posição, às vezes faziam sua higiene. Ele não era muito trabalhoso, era parte da mobília. A maioria das pessoas nunca reparava nele, imóvel e silencioso no canto. Não o consideravam doente, ele apenas havia desacelerado até parar.

O dr. Asher falou com aquela figura que parecia de cera. Não obteve resposta nem reação. Foi lhe tomar o pulso e encontrou uma mão fria, quase como a de um cadáver. Mas havia

---

* Personagem de um conto de Washington Irving publicado em 1819, no qual um homem adormece e só acorda vinte anos mais tarde. (N. T.)

uma pulsação débil, lenta: Tio Toby estava vivo, aparentemente suspenso em algum estupor gelado e estranho.

A conversa com a família foi peculiar e perturbadora. Eles demonstravam pouquíssima preocupação com o Tio Toby, mas se podia ver que eram solícitos e íntegros. Como às vezes acontece com uma mudança insidiosa e imperceptível, haviam se acomodado a ela à medida que fora acontecendo. No entanto, quando o dr. Asher sugeriu levarem o Tio Toby para o hospital, prontamente concordaram.

E assim o Tio Toby acabou internado em uma unidade de tratamento metabólico especialmente equipada, e foi lá que o encontrei. Era impossível medir sua temperatura com um termômetro clínico normal, por isso foi providenciado um específico, reservado para hipotérmicos. A temperatura dele era de 20°C, estava dezesseis graus abaixo da média. Formou-se uma hipótese, logo testada e confirmada: Tio Toby praticamente não tinha função tiroidiana, e sua taxa metabólica se encontrava reduzida próximo a zero. Quase sem função tiroidiana, sem estimulador metabólico ou "fogo", ele havia mergulhado nas profundezas de um coma hipotiroideo (ou mixedema): vivo, mas não vivo; suspenso, congelado.

Era evidente o que deveríamos fazer: o problema de saúde dele era simples, bastava dar o hormônio da tireoide, tiroxina, e ele se reanimaria. Só que o reaquecimento, o reacender do metabolismo, teria de ser feito com extrema cautela e lentidão; as funções e os órgãos do paciente tinham se adaptado ao hipometabolismo. Se seu metabolismo fosse estimulado com demasiada rapidez, o paciente poderia ter complicações cardíacas ou de outro tipo. Por isso, devagar, muito devagar, começamos a ministrar tiroxina, e lentamente ele começou a se aquecer...

Uma semana se passou. Nenhuma mudança, embora a temperatura do Tio Toby agora fosse pouco mais de 22°C. Só na terceira semana, com temperatura corporal já perto de 27°C, ele começou a se mover... e a falar. Falava devagarinho, com a voz baixa e rouca — como um disco de fonógrafo roufenho que fizesse só uma rotação por minuto (parte da rouquidão resultava de um mixedema das cordas vocais). Seus membros também estavam inchados e rígidos em razão do mixedema, mas foram ficando mais leves e flexíveis graças à fisioterapia e ao uso.

Depois de um mês, embora ainda frio e com lentidão na fala e nos movimentos, o Tio Toby claramente havia "despertado" e se mostrava animado, acordado e preocupado. "O que está acontecendo?", ele perguntou. "Por que estou no hospital? Estou doente?" Replicamos perguntando o que *ele* vinha sentindo. "Ah, ando meio friorento, preguiçoso, lerdo."

"Mas, sr. Oakins" — só entre nós o chamávamos de Tio Toby — "o que aconteceu no meio-tempo entre sentir-se friorento, lerdo e descobrir que está aqui?"

"Nada de mais", ele respondeu. "Não que eu saiba. Talvez eu tenha ficado muito doente, desmaiado, e a família me trouxe para cá."

"E por quanto tempo o senhor ficou desmaiado?", indagamos em tom neutro.

"Quanto tempo? Um ou dois dias — não pode ter sido mais, minha família sem dúvida me traria para cá."

Ele perscrutou nossos rostos.

"Não há nada mais do que isso, nada fora do comum?"

"Nada", nós o tranquilizamos, e batemos depressa em retirada.

O sr. Oakins, ao que parecia, a menos que o tivéssemos entendido mal, não tinha noção de que o tempo passara — certamente não sabia que havia transcorrido tanto tempo. Sentira-se estranho; agora estava melhor — simples, nada de mais. Será que ele acreditava mesmo nisso?

Tivemos uma clara confirmação disso mais tarde, naquele mesmo dia, quando a enfermeira nos procurou, preocupada. "Ele está bem animado agora", ela disse. "Tem muita necessidade de conversar — está falando sobre amigos, trabalho. Sobre Attlee, a doença do rei, o 'novo' sistema de saúde e coisas do gênero. Ele não tem ideia do que está acontecendo *hoje*. Pensa que estamos em 1950."

Tio Toby, como pessoa, entidade consciente, desacelerara até parar, como se tivesse entrado em coma. Tinha estado "fora", "ausente" por um tempo enorme. Não dormindo, não em transe, e sim profundamente submerso. E agora que emergira, todos aqueles anos eram um vazio. Não era amnésia, não era "desorientação"; suas funções cerebrais superiores, sua mente, estivera "desligada" por sete anos.

Como ele reagiria ao saber que perdera sete anos e que grande parte do que lhe parecia animador, importante ou precioso tinha ficado irrecuperavelmente para trás? Que ele próprio não era mais um contemporâneo, e sim um pedaço do passado, um anacronismo, um fóssil preservado de alguma forma peculiar?

Certo ou errado, decidimos optar pela evasão (e não só evasão, mas mentira pura e simples). É claro que o plano era que a medida fosse temporária, até que ele tivesse força física e mental para se conformar com a situação e suportar um tremendo choque.

Assim, a equipe do hospital não fez nenhum esforço para desenganá-lo da ideia de que era 1950. Nós nos policiávamos atentamente, para não nos trairmos; evitávamos conversas descuidadas e o enchíamos de jornais e revistas de 1950. Ele os lia com avidez, embora de vez em quando se surpreendesse com a *nossa* ignorância sobre as "notícias" e também com o estado dos exemplares, amarelados e amarfanhados.

Passadas seis semanas, sua temperatura estava quase normal. Ele parecia sadio e bem, e consideravelmente jovem para um homem da sua idade.

Foi quando se deu a derradeira ironia. Ele começou a tossir e a cuspir sangue, numa acentuada hemoptise. Radiografias do tórax mostraram uma massa em seu peito, e uma broncoscopia revelou um carcinoma de pequenas células altamente maligno e em rápida proliferação.

Conseguimos encontrar imagens do tórax, radiografias de rotina que ele fizera em 1950, e nelas vimos, pequeno e desconsiderado na época, o câncer que ele agora apresentava. Carcinomas altamente malignos e fulminantes como aquele tendem a crescer depressa e a ser fatais em meses — no entanto, ele o guardara por sete anos. Parecia evidente que o câncer, assim como todo o resto dele, ficara suspenso, congelado. Agora que ele estava reaquecido, o câncer grassava furioso, e o sr. Oakins faleceu, num acesso de tosse, alguns dias depois.

Sua família havia deixado que ele mergulhasse no frio, o que lhe salvou a vida; nós o reaquecemos, e em consequência ele morreu.

SONHOS NEUROLÓGICOS

Independentemente de como os sonhos são interpretados — para os egípcios, eram profecias e presságios; para Freud, realizações alucinatórias de desejos; para Crick e Graeme Mitchison, "aprendizado reverso" destinado a remover sobrecargas de "lixo neural" do cérebro —, sem dúvida eles também podem conter, de modo direto ou distorcido, reflexos dos estados atuais do corpo e da mente.

Por isso, não é surpresa que distúrbios neurológicos — no cérebro propriamente dito ou nas informações sensitivas ou autonômicas que ele recebe — possam causar alterações espantosas e específicas no sonhar. Todo neurologista precisa estar cônscio disso no consultório, e no entanto é raro questionarmos nossos pacientes sobre seus sonhos. Na literatura médica quase não se encontra informação sobre o tema, porém acredito que esse questionamento pode ser parte importante do exame neurológico, auxiliar no diagnóstico e mostrar que os sonhos podem ser barômetros sensíveis da saúde e da doença neurológica.

Deparei com esse fato pela primeira vez anos atrás, quando trabalhava numa clínica especializada em enxaqueca. Não só notei uma correlação geral entre a incidência de sonhos ou pesadelos muito intensos e auras visuais de enxaqueca, mas também, com alguma frequência, que fenômenos de aura de enxaqueca entravam em sonhos. Pacientes podem sonhar com fosfenos ou zigue-zagues, com escotomas em expansão ou com cores e contornos que se intensificam e esmaecem. Seus sonhos podem conter defeitos no campo visual, hemianopsia ou, mais raramente, visão "em mosaico" ou "cinemática".

Os fenômenos neurológicos em casos assim podem se manifestar de modo direto e bruto, intrometendo-se no desenrolar normal de um sonho. Mas também podem se combinar com o sonho, se fundir com as imagens e os símbolos oníricos, e pelo sonho ser modificados. Os fosfenos da enxaqueca, por exemplo, muitas vezes figuram em sonhos como fogos de artifício, e um de meus pacientes às vezes experimentava suas auras noturnas de enxaqueca como sonhos sobre explosão nuclear. Primeiro ele via uma ofuscante bola de fogo com uma margem iridescente em zigue-zague típica de enxaqueca, coruscando conforme ia crescendo, até ser substituída por uma área cega (ou escotoma) com o sonho ao redor de sua borda. A essa altura, o paciente costumava acordar com o escotoma esmaecendo, náusea intensa e uma dor de cabeça incipiente.

Quando há lesões no córtex occipital, ou visual, os pacientes podem observar déficits visuais específicos em seus sonhos. O sr. I., o pintor daltônico que descrevi em *Um antropólogo em Marte*, tinha acromatopsia central e comentou que não sonhava mais em cores. Pessoas com certos tipos de lesões na área adjacente ao córtex estriado podem, enquanto sonham, ser incapazes de reconhecer rostos, uma condição denominada prosopagnosia. E um de meus pacientes, que tinha um angioma no lobo occipital, sabia que, quando seus sonhos eram de súbito banhados pela cor vermelha, "avermelhavam", ele estava prestes a ter uma convulsão. Quando o dano no córtex occipital é difuso o bastante, as imagens visuais podem desaparecer totalmente dos sonhos. Encontrei alguns casos assim como sintoma de apresentação da doença de Alzheimer.

Outro paciente, que tinha convulsões sensoriomotoras focais, sonhou que estava num tribunal sendo julgado por Freud, que batia continuamente em sua cabeça com um martelo de juiz enquanto eram lidas as acusações. Mas o curioso era que ele sentia os golpes no braço esquerdo, e acordou com dormência e contrações nesse membro: uma convulsão focal típica.

Os sonhos neurológicos ou "físicos" mais comuns são sobre dor, desconforto, fome ou sede, ao mesmo tempo manifestos e camuflados no cenário do sonho. Por exemplo, um paciente recém-engessado depois de uma cirurgia na perna sonhou que um homem pesado tinha pisado em seu pé esquerdo, provocando-lhe uma dor excruciante. Com educação de início, e depois com cada vez mais urgência, ele pediu ao sujeito que se movesse e, quando seus pedidos não foram atendidos, tentou deslocar o homem pela força física. Seus esforços foram inúteis, e agora, no sonho, ele percebia a razão: o sujeito era feito de nêutrons compactados — neutrônio — e pesava 6 trilhões de toneladas, o mesmo peso da Terra. Ele fez um último e frenético esforço para mover o inamovível e acordou com uma intensa dor de compressão no pé, que se tornara isquêmico em consequência da pressão do gesso novo.

Às vezes pacientes podem sonhar com o início de uma doença antes que ela se manifeste fisicamente. Uma mulher que descrevi em *Tempo de despertar* foi acometida por encefalite letárgica aguda em 1926 e teve uma noite de sonhos grotescos e aterradores ao redor de um tema central: ela estava presa em um castelo inacessível, mas que tinha a forma e a estrutura dela mesma. Sonhou com feitiços, bruxarias, encantamentos; sonhou que se tornara uma estátua de pedra viva e senciente; que o mundo tinha parado; que caíra num sono tão profundo que nada era capaz de acordá-la; sonhou com uma morte que era diferente da morte. Sua família teve dificuldade para acordá-la na manhã seguinte, e quando ela despertou, a consternação foi imensa: da noite para o dia, tornara-se parkinsoniana e catatônica.

Christina, que descrevi em *O homem que confundiu sua mulher com um chapéu*, foi internada antes de uma cirurgia para remoção da vesícula biliar. Ministraram-lhe antibióticos para profilaxia microbiana; como em outros aspectos ela era jovem e sadia, não estavam previstas complicações. No entanto, na véspera da cirurgia ela teve um sonho perturbador de intensidade peculiar. Sonhou que estava oscilando fortemente, muito desequilibrada; quase não conseguia sentir o chão sob seus pés, quase não tinha sensações nas mãos, que se agitavam de forma frenética e deixavam cair tudo o que pegavam.

Ela ficou tão angustiada com esse sonho ("Nunca tive um assim", disse. "Não consigo tirá-lo da cabeça.") que pedimos o parecer de um psiquiatra. "Ansiedade pré-operatória", ele disse. "É natural, vemos isso com muita frequência." No entanto, dali a algumas horas o sonho se tornou realidade, e a paciente ficou incapacitada por uma neuropatia sensorial aguda: perdera por completo a propriocepção e não conseguia dizer onde seus membros estavam sem olhar para eles. Temos de supor, num caso assim, que a doença já estava afetando sua função neural e que a mente inconsciente, a mente que sonha, foi mais sensível à situação do que a mente desperta. Sonhos premonitórios ou prenunciadores como esse às vezes podem ter conteúdo e resultado feliz. Pacientes com esclerose múltipla podem sonhar com a remissão algumas horas antes de ela ocorrer, e pacientes em recuperação de um AVC ou uma lesão neurológica podem ter sonhos impressionantes de melhora antes que ela se manifeste de forma objetiva. Nesses casos, também, a mente que sonha pode ser um indicador mais sensível de função neural do que um exame com um martelo de reflexo e um alfinete.

Alguns sonhos parecem ser mais do que prenunciadores. Um exemplo pessoal notável, que descrevi com detalhes em meu livro *Com uma perna só*, permanece em minha memória. Quando me recuperava de uma lesão na perna, me disseram que eu devia passar a usar apenas uma muleta em vez de duas. Tentei duas vezes e caí de borco em ambas. Eu não conseguia conscientemente pensar em como fazer isso. Depois adormeci e tive um sonho no qual estendi a mão direita, peguei a muleta que estava pendurada acima da minha cabeça, ajeitei-a sob o braço direito e saí andando pelo corredor com total confiança e facilidade. Quando acordei, estendi a mão direita, peguei a muleta que estava pendurada acima do leito e saí andando pelo corredor com total confiança e facilidade.

Não me pareceu que tenha sido mera premonição, e sim um sonho que efetivamente fez alguma coisa, um sonho que solucionou o problema neuromotor com o qual o cérebro se confrontava. Fez isso na forma de uma representação, ensaio ou teste psíquico: em suma, um sonho que era um ato de aprendizado.

Transtornos de imagem corporal decorrentes de lesões em membros ou na espinha quase sempre se introduzem em sonhos, pelo menos quando tais distúrbios são agudos, antes que aconteça qualquer "acomodação". Com a dor por desaferentação decorrente da lesão na perna, tive sonhos reiterativos com um membro morto ou ausente. Esses sonhos, porém, tendem a desaparecer dentro de algumas semanas, à medida que ocorre uma revisão ou "cura" da imagem corporal no córtex. (Michael Merzenich demonstrou tais mudanças no mapeamento cortical em experimentos com macacos.) Já os membros-fantasmas, talvez em razão de excitação neural contínua no coto, se intrometem com muita persistência em sonhos (e também na consciência quando a pessoa está desperta), embora aos poucos se distanciem e se tornem menos intensos com o passar dos anos.

Os fenômenos do parkinsonismo também podem penetrar os sonhos. Ed W., um homem com grande capacidade introspectiva, sentiu que a primeira expressão da doença de Parkinson foi uma mudança no estilo de seus sonhos. Ele sonhava que só conseguia se mover em câmara lenta ou que estava "congelado", ou ainda que se mexia muito depressa e não conseguia parar. Sonhava que espaço e tempo haviam mudado, viviam "trocando de escala" e se tornavam caóticos e problemáticos. Gradualmente, no decorrer dos meses, esses sonhos especulares se tornaram realidade, e sua bradicinesia e festinação passaram a ser óbvias para os outros. Mas os sintomas se apresentaram primeiro nos sonhos.[1]

Alterações no sonhar são, com frequência, o primeiro sinal de resposta à levodopa em pacientes com doença de Parkinson comum, e também naqueles com parkinsonismo pós-encefalí-

---

[1] Outro conhecido meu, que tem síndrome de Tourette, sentia que tinha frequentes sonhos "tourettianos": sonhos de um tipo singularmente frenético e exuberante, cheios de acontecimentos inesperados, acelerações e súbitas mudanças de curso. Isso mudou quando ele passou a ser medicado com um tranquilizante, o haloperidol; ele então relatou que seus sonhos haviam se reduzido à "realização direta de desejo, sem nada da elaboração, das extravagâncias da síndrome de Tourette".

tico. Os sonhos passam a ser, em geral, mais vivos e com uma carga emocional mais intensa (muitos salientam que, de repente, começaram a sonhar em cores vivas). Às vezes a sensação de realidade nesses sonhos é tão extraordinária que, depois de acordar, o paciente não consegue esquecê-los ou descartá-los. Esse tipo de sonho excessivo, tanto em vividez sensorial quanto em ativação de conteúdo psíquico inconsciente — um sonhar que, em alguns aspectos, tem certa similaridade com a alucinose —, é comum na febre ou no delírio, na reação a muitas drogas (opiáceos, cocaína, anfetaminas etc.) e em estados de síndrome de abstinência de drogas ou rebote do sono REM. Um onirismo desenfreado similar pode ocorrer no começo de algumas psicoses, quando um sonho louco ou maníaco inicial, como os ribombos de um vulcão, pode ser o primeiro indício da erupção iminente.

Sonhar, para Freud, era a "estrada real" para o inconsciente. Para o médico, sonhar pode não ser uma estrada real, mas é uma via secundária para diagnósticos e descobertas inesperadas, bem como para vislumbres inesperados sobre o estado do paciente. É uma via secundária fascinante e não deve ser negligenciada.

O NADA

A natureza abomina o vácuo. Nós também. A ideia de um vazio — de vácuo, nada, ausência de espaço e de lugar, todas essas "inexistências" — é ao mesmo tempo abominável e inconcebível, e no entanto nos persegue de um modo muito estranho e paradoxal. Como escreve Beckett, "nada é mais real do que o nada". Para Descartes, não existia espaço vazio. Para Einstein, não existia espaço sem campo. Para Kant, nossas ideias de espaço e extensão eram as formas que a "razão" dá à experiência, por meio da operação de uma "síntese a priori" universal. Kant concebia o sistema nervoso intacto e ativo como uma espécie de transformador que formava a idealidade a partir da realidade, a realidade a partir da idealidade. Uma noção assim tem a virtude — raríssima em formulações metafísicas — de poder ser testada instantaneamente na prática; para ser mais específico, na prática neurológica e neurofisiológica.

Se um paciente recebe anestesia espinhal que interrompa o tráfego neural na metade inferior do corpo, por exemplo, ele não sente apenas que essa parte está paralisada e insensível: sente que ela é "inexistente", de um modo absoluto e impossível, que ele foi cortado pela metade e que a outra parte está faltando — não no sentido muito conhecido de estar em outro lugar, e sim no estranho sentido de *não ser*, de não estar em local algum. Pacientes que recebem anestesia espinhal podem dizer que parte deles está "faltando" ou "sumiu", que parece carne morta, areia ou pasta; que não tem "vida" ou "vontade". Um desses pacientes, tentando formular o informulável, por fim disse que seus membros perdidos não estavam "em lugar nenhum" e que não se pareciam "com nada neste mundo". Quando ouço frases desse tipo, me lembro das palavras de Hobbes: "O que não é Corpo não é parte do Universo; e porque o Universo é Tudo, o que dele não é parte é *Nada*; e consequentemente não está *em lugar nenhum*".

A anestesia espinhal fornece um exemplo notável e eloquente de uma "aniquilação" *transitória*, mas há inúmeros casos mais simples de aniquilação em nosso cotidiano. Todos nós às vezes dormimos em cima de um braço, o que comprime seus nervos e extingue por um instante o tráfego neural; essa experiência, embora muito breve, é estranha, pois o braço parece não ser mais "nosso", e sim um nada inerte, insensível, que não é parte de nós. Wittgenstein alicerça a "certeza" na certeza do corpo: "Se você puder dizer *aqui está uma mão*, nós lhe admitiremos todo o resto". No entanto, quando acordamos depois de comprimir nervos do braço, não somos capazes de dizer "esta é minha mão" e nem mesmo "esta é uma mão", exceto no sentido formal estrito. Algo que sempre foi tomado por certo, ou axiomático, revela-se radicalmente duvidoso ou contingente; ter um corpo, ter *qualquer coisa*, depende dos nossos nervos.

Há inúmeras outras situações — fisiológicas e patológicas, comuns ou incomuns — nas quais ocorrem aniquilações breves, prolongadas ou permanentes. AVCs, tumores, lesões, especialmente na metade direita do cérebro, tendem a causar aniquilação parcial ou total do lado direito — uma condição conhecida por vários termos, como "impercepção", "inatenção", "negligência", "agnosia", "anosognosia", "extinção" ou "alienação". São todas elas experiências do nada (ou, para ser mais preciso, privações da experiência de alguma coisa).

Um bloqueio da medula espinhal ou de grandes plexos de membros pode produzir situação similar, muito embora o cérebro esteja intacto, pois ele é privado de informações com as quais formar uma imagem (ou uma "intuição" kantiana). Aliás, pode-se mostrar, medindo potenciais elétricos no cérebro durante bloqueios espinhais ou regionais, que há uma morte gradativa da parte correspondente da representação cerebral da "imagem corporal" — a realidade empírica requerida na realidade kantiana. Aniquilações similares podem ser produzidas perifericamente por dano nervoso ou muscular em um membro ou até quando ele é engessado, medida que, mescla de imobilização e acondicionamento, pode fazer cessar de forma temporária o tráfego e os impulsos neurais.

O nada, a aniquilação, nesse sentido, é uma realidade essencialmente paradoxal.

VER DEUS NO TERCEIRO MILÊNIO

Na literatura médica há muitos relatos meticulosamente documentados de experiências religiosas intensas e transformadoras durante convulsões epilépticas. Podem ocorrer alucinações de uma força avassaladora, às vezes acompanhadas de uma sensação de bem-aventurança e de um estado de espírito extraordinariamente numinoso, sobretudo nas chamadas convulsões extáticas, que podem ser provocadas por epilepsia de lobo temporal.[1] Embora tais convulsões possam ser breves, elas chegam a levar a uma reorientação fundamental, uma metanoia da vida. Fiódor Dostoiévski tinha propensão a sofrer ataques desse tipo e descreveu muitos deles, inclusive este:

> O ar se encheu de um ruído forte e tentei me mover. Senti que o céu descia sobre a terra e me engolfava. Eu realmente toquei em Deus. Ele veio em mim, em mim mesmo, sim, Deus existe, exclamei, e não lembro de mais nada. Todos vocês, pessoas sadias, [...] não podem imaginar a felicidade que nós, epilépticos, sentimos durante o segundo que antecede o nosso ataque. [...] Não sei se essa felicidade dura segundos, horas ou meses, mas, podem acreditar, eu não a trocaria por todos os deleites que a vida pode trazer.

Um século mais tarde, Kenneth Dewhurst e A. W. Beard publicaram um relato detalhado no *British Journal of Psychiatry* sobre um motorista de ônibus que teve uma súbita sensação de júbilo enquanto cobrava passagens. Eles escreveram:

---

[1] Em *A mente assombrada*, discorri com mais detalhes sobre convulsões extáticas e experiências de quase morte.

Ele foi dominado por um súbito sentimento de bem-aventurança. Sentia-se literalmente no céu. Cobrou as passagens sem erro ao mesmo tempo que contava aos passageiros o prazer que sentia por estar no céu. [...] Ele permaneceu nesse estado de exaltação, ouvindo vozes divinas e angelicais, por dois dias. Mais tarde, foi capaz de recordar essas experiências e continuou a acreditar que eram válidas. [Três anos depois], em seguida a três convulsões em três dias sucessivos, ele de novo se sentiu exaltado. Declarou que sua mente tinha "desanuviado". [...] Durante esse episódio, ele perdeu a fé.

Na segunda conversão, ao ateísmo, ocorreu o mesmo arrebatamento e a mesma qualidade reveladora surgidos na conversão religiosa original. Ele deixou de acreditar em céu e inferno, em vida após a morte ou na divindade de Cristo.

Mais recentemente, Orrin Devinsky e colegas conseguiram gravar vídeos de eletroencefalogramas de pacientes que estavam tendo convulsões desse tipo; observaram uma sincronização exata da epifania com um pico de atividade epiléptica nos lobos temporais (com mais recorrência no lobo temporal direito).

Convulsões extáticas são raras — ocorrem apenas em cerca de 1% ou 2% dos pacientes com epilepsia do lobo temporal. Mas neste último meio século temos visto um aumento enorme na prevalência de outros estados, algumas vezes incluindo deleite e reverência religiosos, visões e vozes "celestiais" e com frequência conversão religiosa ou metanoia. Entre esses estados estão as experiências extracorpóreas (EECS) — mais comuns agora que mais pacientes são ressuscitados depois de paradas cardíacas graves e problemas afins — e outras muito mais elaboradas e numinosas chamadas "experiências de quase morte" (EQMS).

Tanto as EECS como as EQMS, que ocorrem em estados de consciência despertos mas profundamente alterados, causam alucinações tão intensas e imperiosas que quem as sofre chega a refutar o termo "alucinação" e garante que são reais. E a existência de similaridades marcantes nas descrições individuais é interpretada por alguns como indicador de sua "realidade" objetiva.

Contudo, as alucinações, não importa sua causa ou modalidade, parecem tão reais porque mobilizam os mesmos sistemas do cérebro mobilizado pelas percepções reais. Quando uma pessoa tem alucinação com vozes, as vias auditivas são ativadas; quando a alucinação é com um rosto, é estimulada a área fusiforme da face, em geral usada para perceber e identificar faces no ambiente.

Nas EECS, o paciente sente que deixou o corpo — tem a sensação de estar flutuando no ar ou num canto da sala, observando seu corpo vacante lá embaixo. Essa experiência pode ser sentida como jubilosa, apavorante ou neutra. Mas sua natureza extraordinária, a aparente separação entre "espírito" e corpo, fica indelevelmente marcada no sujeito, que pode interpretá-la como evidência de que existe uma alma imaterial — prova de que a consciência, a personalidade e a identidade podem existir independentes do corpo e até sobreviver à morte deste.

Neurologicamente as EECS são uma forma de ilusão corporal decorrente de uma dissociação temporária de representações visuais e proprioceptivas — estas costumam ser coordenadas, de modo que a pessoa vê o mundo, incluindo seu corpo, da perspectiva de seus olhos, de sua cabeça. As EECS, como Henrik Ehrsson e seus colegas pesquisadores em Estocolmo demonstraram com elegância, podem ser produzidas experimentalmente usando equipamentos simples — óculos de vídeo, manequins, braços de borracha etc. — para confundir a entrada de dados visuais e a entrada de dados proprioceptivos, criando uma sensação estranha de não estar no corpo.

Várias condições médicas podem provocar EECS: parada cardíaca ou arritmias, queda súbita da pressão arterial ou da glicemia, com frequência combinada a ansiedade ou doença. Já tive notícia de pacientes que tiveram EECS durante um parto difícil e de outros que as apresentaram associadas a narcolepsia ou paralisia do sono. Pilotos de caça sujeitos a altas forças gravitacionais durante o voo (ou às vezes em centrífugas de treinamento) relataram EECS e também estados de consciência muito mais complexos que se assemelham à experiência de quase morte.

A experiência de quase morte costuma apresentar uma sequência característica de estágios. A pessoa tem a sensação de estar se movendo sem esforço e em júbilo por um corredor em direção a uma maravilhosa luz "viva" — muitas vezes interpretada como o céu ou a fronteira entre a vida e a morte. Pode ocorrer a visão de amigos e familiares que a recebem do outro lado, e uma série rápida mas extremamente detalhada de memórias da vida — uma autobiografia relâmpago. O retorno ao próprio corpo pode ser abrupto, como quando, por exemplo, os batimentos são restaurados depois de uma parada cardíaca. Ou ser mais gradual, no caso de uma pessoa sair do coma. Não raro uma EEC transforma-se em uma EQM. Isso aconteceu com Tony Cicoria, um cirurgião que foi atingido por um raio. Ele me fez um relato expressivo do que se seguiu, que reproduzi em *Alucinações musicais*:

> Eu estava voando para a frente. Atordoado. Olhei em volta. Vi meu corpo no chão. Caramba, estou morto, pensei. Vi pessoas convergindo para o corpo. Vi uma mulher — que tinha estado logo atrás de mim, esperando para usar o telefone — debruçar-se sobre o meu corpo e fazer a reanimação cardiorrespiratória. [...] Flutuei para as estrelas. Minha consciência veio comigo; vi meus filhos, tive a percepção de que eles ficariam bem. E então fui envolvido por uma luz branco-azulada... uma sensação intensa de bem-estar e paz. Os melhores e os piores momentos da minha vida passaram velozmente por mim. [...] puro pensamento, puro êxtase. Tive a percepção de acelerar, de ser puxado para cima... com velocidade e direção. E justo quando eu dizia a mim mesmo "esta é a sensação mais deliciosa que já tive" — BAM! Eu voltei.

O dr. Cicoria teve alguns problemas de memória por mais ou menos um mês depois desse episódio, mas foi capaz de retomar suas atividades como cirurgião ortopédico. No entanto, era "um homem mudado". Antes não manifestava nenhum interesse particular por música, mas agora se sentia dominado por um desejo avassalador de ouvir música clássica, em especial Chopin. Comprou um piano e começou a tocar obsessivamente e a compor. Ele estava convencido de que todo o episódio — ser atingido pelo raio, ter uma visão transcendental e então ser ressuscitado e receber esse dom para que pudesse trazer música ao mundo — era parte de um plano divino.

Cicoria tinha doutorado em neurociência; essa repentina espiritualidade e musicalidade, ele achava, só podia estar ligada a mudanças em seu cérebro — mudanças que ele talvez pudesse esclarecer com exames de neuroimagem. Ele não via contradição entre religião e neurologia. Se Deus atuasse sobre um homem ou em um homem, Cicoria supunha, Ele o faria por intermédio do sistema nervoso, de partes do cérebro que eram especializadas, ou potencialmente especializáveis, em sentimento e crença espirituais. A atitude racional e (poderíamos dizer) científica de Cicoria em relação a sua conversão contrasta bastante com a de outro cirurgião, o dr. Eben Alexander, que descreve em seu livro *Uma prova do céu: A jornada de um neurocirurgião à vida após a morte* uma detalhada e complexa EQM que ocorreu quando ele passou sete dias em coma devido a uma meningite. Durante sua EQM, ele passou através da luz forte — a fronteira entre a vida e a morte — e se viu em uma campina linda e idílica (que percebeu ser o céu), onde encontrou uma bela desconhecida que lhe transmitiu várias mensagens por telepatia. Ele avançou ainda mais na vida após a morte e sentiu a presença cada vez mais envolvente de Deus. Depois dessa experiência, Alexander passou a ser uma espécie de evangelista desejoso de difundir a boa-nova de que o céu existe de fato.

Alexander alardeia sua experiência como neurocirurgião e especialista no funcionamento do cérebro. Fornece em seu livro um apêndice com minuciosas "hipóteses neurocientíficas que considerei para explicar minha experiência", mas descarta todas elas como inaplicáveis a seu caso porque, garante, seu córtex cerebral estava completamente desativado durante o coma, impedindo qualquer possibilidade de experiência consciente.

No entanto, sua EQM foi rica em detalhes visuais e auditivos, como o são muitas alucinações. Ele se diz intrigado com isso, pois esses detalhes sensoriais normalmente são produzidos pelo córtex. Ainda assim, sua consciência viajou pelo bem-aventurado e inefável reino da vida após a morte — uma viagem que, a seu ver, durou a maior parte do tempo que ele ficou em coma. Por isso seu eu essencial, sua "alma", não teria precisado de um córtex cerebral e nem mesmo de qualquer base material.

Acontece que não é fácil descartar processos neurológicos. O dr. Alexander descreve uma saída súbita do coma: "Meus olhos se abriram [...] meu cérebro [...] voltou de repente à vida". Mas quase sempre os pacientes emergem de um coma de forma gradual; há estágios de consciência intermediários. É nessas fases transitórias, nas quais uma espécie de consciência retorna, mas ainda sem ser a consciência plenamente lúcida, que tendem a ocorrer as EQMS.

Alexander insiste que sua viagem, que ele acredita ter durado dias, não poderia ter ocorrido se ele não estivesse em coma profundo. No entanto, sabemos, pela experiência de Tony Cicoria e muitos outros, que uma viagem alucinatória até a luz forte e além, uma EQM plena, pode ocorrer em vinte ou trinta segundos, embora pareça durar bem mais. Subjetivamente, durante uma crise assim, o próprio conceito de tempo pode parecer variável ou sem sentido. Portanto, a hipótese mais plausível no caso do dr. Alexander é que sua EQM tenha ocorrido não durante o coma, mas quando ele estava emergindo desse estado e seu córtex retomava a função normal. É curioso que ele não admita essa explicação óbvia e natural, preferindo insistir em outra, sobrenatural.

Negar a possibilidade de uma explicação natural para uma EQM, como faz o dr. Alexander, é mais do que acientífico: é anticientífico. Exclui a investigação científica desses estados.

Kevin Nelson, neurologista da Universidade de Kentucky, estudou por muitas décadas a base neural das EQMS e outras formas de alucinação "profunda". Em 2011 publicou um livro criterioso e pormenorizado, *The Spiritual Doorway in the Brain: A Neurologist's Search for the God Experience* [A porta espiritual no cérebro: A busca de um neurologista pela experiência de Deus].

Para Nelson, o "túnel escuro" descrito na maioria das EQMS representa a constrição dos campos visuais decorrente do comprometimento da pressão arterial nos olhos, e a "luz forte" representa um fluxo de excitação visual proveniente do tronco encefálico que passa por estações de retransmissão visuais até chegar ao córtex visual (a chamada via ponto-genículo-occipital).

Alucinações perceptivas mais simples — com padrões, animais, pessoas, paisagens, música etc. —, como as que podem ocorrer em diversas condições (cegueira, surdez, epilepsia, enxaqueca ou privação sensorial, por exemplo), não costumam envolver alterações profundas na consciência e, embora sejam espantosas, quase sempre são reconhecidas como tal. Outra coisa são as alucinações muito complexas de convulsões extáticas ou EQMs: com grande frequência são interpretadas como verídicas, indicadoras da verdade, revelações transformadoras de um universo espiritual e, talvez, de um destino ou uma missão espiritual.

A tendência ao sentimento espiritual e à crença religiosa é arraigada na natureza humana e parece ter sua própria base neurológica — pode ser muito forte em algumas pessoas e menos desenvolvida em outras. Para quem tem inclinações religiosas, uma EQM pode dar a impressão de fornecer uma "prova do céu", como disse Eben Alexander.

Algumas pessoas religiosas vivenciam sua prova do céu por outro caminho: o da prece, como analisou a antropóloga T. M. Luhrmann em seu livro *When God Talks Back* [Quando Deus responde]. A própria essência da divindade, de Deus, é imaterial. Deus não pode ser visto, sentido ou ouvido da maneira comum. Luhrmann pergunta, então, como é que, na ausência de evidências, Deus se torna uma presença real, íntima na vida de tantos evangélicos e seguidores de outras fés.

Luhrmann foi viver numa comunidade evangélica como participante-observadora; imergiu particularmente nas disciplinas de oração e visualização lá praticadas: imaginar em detalhes cada vez mais elaborados e concretos as figuras e os acontecimentos descritos na Bíblia. Os fiéis

praticam ver, ouvir, cheirar e tocar mentalmente. Dão a essas experiências imaginadas a vividez sensorial associada às memórias de acontecimentos reais. O que conseguem imaginar torna-se mais real para eles.

Cedo ou tarde, com essa prática intensiva, em alguns a mente pode saltar da imaginação à alucinação, e o fiel ouve Deus, vê Deus, sente Deus andando a seu lado. Essas vozes e visões pelas quais ele tanto anseia têm a realidade da percepção, e isso ocorre porque ativam os sistemas perceptivos do cérebro, como fazem as alucinações. Essas visões, vozes e sensações de "presença" são acompanhadas por emoção intensa — de alegria, paz, reverência, revelação. Alguns evangélicos podem ter muitas dessas experiências; outros, uma só, mas até mesmo uma única experiência de Deus, imbuída da força avassaladora da percepção real, pode ser suficiente para sustentar a fé por toda uma vida. (Em pessoas sem inclinação religiosa, vivências desse tipo podem ocorrer com meditação ou concentração intensa em um plano artístico, intelectual ou emocional: quando se apaixonam, ouvem Bach, observam as complexidades de uma samambaia ou solucionam um problema científico.)

Há cerca de uma ou duas décadas vem aumentando o número de estudos na área das "neurociências espirituais". Esse campo de pesquisa apresenta dificuldades especiais, já que não é possível convocar experiências religiosas quando bem se entende; elas vêm, quando vêm, em seu próprio tempo e a seu próprio modo — os religiosos diriam que no momento e do modo determinado por Deus. Ainda assim, pesquisadores conseguiram demonstrar mudanças fisiológicas não só em estados patológicos, como AVCS, EECS e EQMS, mas também em estados positivos, como oração e meditação. Essas mudanças costumam ser generalizadas, envolvendo não apenas áreas sensoriais primárias do cérebro, mas também os sistemas límbico (emocional) e hipocampal (memória), além do córtex pré-frontal, onde residem a intencionalidade e a capacidade crítica.

As alucinações, reveladoras ou banais, não têm origem sobrenatural: são parte do conjunto normal da consciência e experiência humana. Isso não quer dizer que não possam ter um papel na vida espiritual ou algum significado de peso para um indivíduo. No entanto, embora seja compreensível que a partir delas se possam atribuir valores, fundamentar crenças ou construir narrativas, alucinações não podem ser consideradas provas da existência de seres ou lugares metafísicos. Evidenciam, unicamente, o poder do cérebro para criá-las.

SOLUÇOS E OUTROS
COMPORTAMENTOS CURIOSOS

Em *Sempre em movimento*, contei a história de um homem que conheci em 1960, em San Francisco, quando trabalhava como assistente de pesquisa para Grant Levin e Bertram Feinstein, dois neurocirurgiões especializados em operar pacientes com parkinsonismo.

Um dos pacientes deles, o sr. B., era um negociante de café que sobrevivera a um ataque de encefalite letárgica durante a grande epidemia dos anos 1920, mas agora estava muito incapacitado pelo parkinsonismo pós-encefalítico. O sr. B. era um tanto frágil e tinha enfisema, mas fora isso parecia um excelente candidato a uma criocirurgia, prática desenvolvida para reduzir o tremor e a rigidez da doença de Parkinson.

Imediatamente após o procedimento, porém, ele passou a ter soluços, sintoma que de início pensamos ser trivial e transitório. Só que os soluços não passaram; ficaram cada vez mais fortes, alastraram-se para os músculos das costas e do abdome, sacudiam todo o tronco. Eram tão violentos que interferiam no ato de comer e quase o impossibilitavam de dormir. Tentamos as soluções usuais — respirar num saco de papel e coisas do gênero —, mas nada funcionou.

Após seis dias e seis noites soluçando sem parar, o sr. B. estava exausto e assustado — sobretudo porque tinha ouvido dizer que os soluços, ou seus efeitos debilitantes, podiam ser fatais.

Soluçar envolve uma contração súbita do diafragma, e às vezes, como último recurso para soluços intratáveis, os cirurgiões podem bloquear os nervos frênicos que chegam ao diafragma. Mas isso significa que a respiração diafragmática deixa de ser possível, e a pessoa só pode respirar de forma curta, usando os músculos intercostais no peito. Não era uma opção para o sr. B., que tinha enfisema e não sobreviveria sem usar seu diafragma. Hesitante, sugeri a hipnose, e Levi e Feinstein, embora céticos, concordaram que não tínhamos nada a perder. Encontramos um hipnotista e ficamos pasmos quando ele conseguiu induzir um estado hipnótico no sr. B. — só isso já parecia quase um milagre, tendo em vista seus soluços constantes. O hipnotista lhe incutiu uma sugestão pós-hipnótica: "Quando eu estalar os dedos, você acordará e não soluçará mais". Ele deixou o homem exausto dormir por mais dez minutos e então estalou os dedos. O sr. B. voltou a si, parecendo meio confuso, mas livre dos soluços. Não houve recaída, e o sr. B., muito beneficiado pela criocirurgia, viveu ainda por muitos anos.

O sr. B. foi uma dentre centenas de milhares de pessoas que sobreviveram à epidemia mundial da "doença do sono" — a encefalite letárgica que grassou de 1917 a 1927 —, mas vieram a sofrer, às vezes anos depois, de síndromes pós-encefalíticas variadas. A encefalite letárgica podia produzir grande variedade de lesões que afetavam o hipotálamo, os núcleos da base, o mesencéfalo e o tronco encefálico, enquanto poupavam em grande medida o córtex cerebral. Assim, ela afetava em especial os mecanismos de controle no subcórtex — sistemas que participam da regulação do sono, da sexualidade, do apetite, da postura, do equilíbrio e do movimento; e, no nível do tronco encefálico, atacava funções autonômicas como a regulação da respiração. Esses sistemas de controle são filogeneticamente muito antigos: ocorrem na maioria dos vertebrados.[1]

---

[1] Soluços podem ocorrer em fetos já na oitava semana de gestação, mas diminuem nas fases finais da gravidez. Embora os soluços não tenham função óbvia após o nascimento, podem ser um comportamento vestigial, talvez um vestígio dos movimentos branquiais de nossos ancestrais pisciformes. Uma ideia similar pode ter quem observa, em pacientes com certas lesões no tronco encefálico, movimentos síncronos afetando músculos do pescoço, o palato e a orelha média. Essas partes do corpo parecem ter pouca relação umas com as outras até percebermos que são todos vestígios dos músculos bran-

Muitos pós-encefalíticos passaram a sofrer, mais tarde, de uma forma extrema de parkinsonismo, e também tenderam a apresentar vários comportamentos respiratórios singulares, mais graves no período imediatamente seguinte à epidemia, embora em geral tenham diminuído no decorrer dos anos. Em vários lugares ocorreram até mesmo "epidemias" de soluço pós-encefalítico.

Também podia haver episódios de espirros, tosses ou bocejos espontâneos entre as vítimas da doença do sono, além de riso ou choro paroxístico. São comportamentos normais, embora curiosos, como salienta Robert Provine em seu livro *Curious Behavior: Yawning, Laughing, Hiccuping, and Beyond* [Comportamento curioso: Riso, choro, soluço e outros]. Mas passam a ser anormais quando são graves, incessantes e ocorrem na ausência de causa demonstrável — aqueles pacientes não tinham irritação no esôfago, diafragma, garganta ou narinas, não tinham motivo para rir ou chorar. Mesmo assim, eram dominados por soluço, tosse, espirro, bocejo, riso ou choro, presume-se que em consequência de lesões no cérebro que estimulavam ou liberavam esses comportamentos de modo que eles ocorressem de maneira autônoma e inapropriada.[2]

Em 1935 a maioria desses pacientes pós-encefalíticos estavam submersos em catatonia ou parkinsonismo abrangentes, e seus comportamentos respiratórios estranhos haviam praticamente desaparecido.

Trinta anos mais tarde, eu estava trabalhando no Hospital Beth Abraham, no Bronx, com cerca de oitenta pacientes pós-encefalíticos; embora a maioria tivesse parkinsonismo e

---

quiais dos peixes — daí o termo mioclono branquial em neurologia. (Muitos exemplos parecidos, tanto anatômicos como funcionais, são discutidos em Neil Shubin, *A história de quando éramos peixes*.)

[2] Isso pode ser análogo à ocorrência de riso ou choro "forçado" visto em alguns pacientes com esclerose múltipla, ELA, doença de Alzheimer, após alguns AVCs ou em algumas pessoas com epilepsia que têm convulsões chamadas dacrísticas (choro) ou gelásticas (riso).

distúrbios do sono, nenhum apresentava os distúrbios respiratórios observáveis descritos na literatura mais antiga. No entanto, em 1969 isso mudou, quando lhes prescrevi levodopa —muitos passaram a ter tiques respiratórios e fonatórios, incluindo súbitas inspirações profundas, bocejos, tosses, suspiros, grunhidos e fungadelas.

Perguntei a cada um desses pacientes se já havia apresentado tais sintomas respiratórios alguma vez. A maioria não soube responder com precisão, mas Frances D., uma mulher inteligente que se expressava muito bem, disse que tivera crises respiratórias de 1919 (quando adoeceu com encefalite letárgica) até 1924, mas não depois. Parece provável, em seu caso, que a levodopa tenha ativado ou liberado uma sensibilidade ou predisposição preexistente a distúrbios respiratórios, e só me restou perguntar se isso não se aplicaria também aos outros pacientes que passaram a apresentar sintomas do tipo.

Lembrei do sr. B., o negociante de café pós-encefalítico tomado por soluços. Será que ele também teria controles respiratórios danificados e hipersensíveis liberados por uma lesão cirúrgica nos núcleos da base?

Com o uso contínuo de levodopa, surgia uma tendência à elaboração desses comportamentos respiratórios ou fonatórios — não só grunhir e tossir, mas também vaiar, bufar, sibilar, assobiar, latir, balir, berrar, mugir e zumbir. Rolando O., como descrevi em *Tempo de despertar*, emitia uma espécie de "ruído murmurante-ronronante emitido a cada expiração, muito agradável aos ouvidos, como o som de uma serraria distante, de um enxame de abelhas ou de um leão satisfeito depois de uma lauta refeição". (Smith Ely Jelliffe, escrevendo nos anos 1920, no auge da epidemia, falou em "sons de zoológico" emitidos pelos pacientes pós-encefalíticos. Com toda uma ala de pessoas com essas condições agora ativadas pela levodopa no Beth Abraham, os visitantes às vezes se perguntavam, perplexos, se havia mesmo um zoológico no quinto andar, onde residiam meus pacientes.)

Vários pacientes apresentaram ainda outras elaborações. Para Frank G., o zumbido evoluiu para a verbigeração da frase "*keep cool, keep cool*" [tranquilo, tranquilo] que ele emitia centenas de vezes por dia. Outros pacientes passaram a ter tiques entoantes, com forma rítmica, melódica e uma palavra ou frase embutidas.[3] Uma ocasião, quando fazia minha ronda tarde da noite entre os pacientes pós-encefalíticos, ouvi um som singular, uma espécie de coro, vindo de um quarto com quatro leitos. Descobri que os quatro pacientes estavam dormindo, mas cantavam — uma melodia repetitiva e monótona, as quatro vozes estavam sincronizadas e sintonizadas. Andar, falar e cantar dormindo não eram comportamentos raros nesses pacientes com doença do sono, mas foi a *coordenação* dos quatro que me surpreendeu. Eu me perguntei se aquilo não teria começado com Rosalie B., uma mulher muito musical, e se alastrara como alguma espécie de contágio para os outros adormecidos.

Muitos mais comportamentos involuntários foram ativados ou liberados pela levodopa. Praticamente todas as funções subcorticais ganharam vida própria, passaram a ocorrer de modo autônomo e espontâneo, porém amplificadas por imitações e arremedos involuntários conforme os pacientes viam e ouviam uns aos outros.

Frances D. apresentou desintegração dos controles automáticos normais da respiração dez dias depois de começar o tratamento com a droga. Sua respiração ficou rápida, curta e irregular, interrompida por inspirações súbitas e violentas. Dentro de poucos dias, isso evoluiu para crises respiratórias inequívocas que começavam, sem aviso, com um súbito arquejo inspiratório seguido da contenção forçada da respiração durante dez ou quinze segundos, e então por uma expiração violenta. Esses ataques se intensificaram cada vez mais, duravam quase um minuto, durante o qual Frances se esforçava para expelir o

---

[3] Em *Alucinações musicais* descrevi uma evolução similar de um tique expiratório/fonatório para preces repetitivas completas em um homem com discinesia tardia ("*Davening* acidental").

ar através da glote fechada, e seu rosto se tornava arroxeado e congestionado com o esforço inútil; por fim, o ar era expelido com uma força tremenda, produzindo um som parecido com a explosão de canhão.

Observei propensões similares às de Frances numa de suas companheiras de quarto, Martha, que apresentou respiração rápida e dificuldade para tomar fôlego, evoluindo para crises respiratórias completas. Os sintomas das duas eram tão similares que me perguntei se uma delas não estaria "imitando" a outra; essa ideia foi reforçada quando Miriam, uma terceira paciente no quarto de quatro leitos, também começou a apresentar distúrbios respiratórios cada vez mais graves:

> O primeiro desses efeitos foi o soluço, que surgia em acessos com duração de uma hora, começando às seis e meia da manhã. [...] Tosse e pigarro "nervosos" associados a um sentimento recorrente, semelhante a um tique, de que havia algo bloqueando ou arranhando sua garganta [...] [e então] uma tendência a arquejar e prender a respiração, o que, por sua vez, "substituiu" o pigarro e a tosse. Passou a ter "crises respiratórias" cada vez mais intensas, as quais apresentavam certa semelhança com as da srta. D.

Outra paciente, Lilian W., apresentava no mínimo uma centena de formas claramente distintas de crises: soluços, arquejos, ataques oculogíricos, fungadelas, suores, bater de dentes, ataques nos quais seu ombro esquerdo ficava quente, tiques paroxísticos. Ela sofria ataques iterativos ritualizados — batia um pé em três posições diferentes ou tocava de leve na testa em quatro locais determinados; ataques de contar; ataques verbigerativos nos quais certas frases eram ditas certo número de vezes; ataques de medo; ataques de risinhos etc. Qualquer menção a um ataque específico na presença de Lilian invariavelmente o provocava. Ela era muito sugestionável, sobretudo em suas crises oculogíricas.

Era comum todos esses comportamentos curiosos não só persistirem, mas também se intensificarem e se alastrarem de forma gradativa, como se o cérebro estivesse se tornando sensibilizado e condicionado, aprendendo com os comportamentos perversos ou sendo subjugado por eles. Essas atitudes têm vida própria e, uma vez iniciadas, talvez tenham de seguir seu curso; pode ser difícil interrompê-las por um ato da vontade. Elas nos ligam às origens do comportamento vertebrado e ao núcleo antigo do cérebro vertebrado: o tronco encefálico.

VIAGENS COM LOWELL

Em 1986 conheci um jovem fotojornalista, Lowell Handler, que me contou que tinha síndrome de Tourette e estava experimentando fazer fotos estroboscópicas de outras pessoas com a doença. Disse que muitas vezes conseguia registrar seus modelos em pleno tique. Gostei muito de suas imagens, e decidimos viajar juntos, encontrar tourettianos de várias partes do mundo e documentar suas vidas e adaptações a essa estranha condição neurológica.

A palavra "tique", no contexto da síndrome de Tourette, abrange grande variedade de comportamentos esquisitos, repetitivos, estereotipados e irreprimíveis. Os mais simples consistem em contorções ou contrações súbitas, piscar de olhos, caretas, encolher de ombros e fungadas. Outros são muito mais elaborados e complexos. Lowell, por exemplo, fascinado por meu antigo relógio de bolso, adquiriu um impulso irresistível de tocar de leve no vidro dele. (Certa ocasião, provoquei-o: escondi o relógio num outro bolso enquanto ele estendia a mão para tocar no vidro. Lowell ficou tão agitado por ter frustrada sua compulsão que tive de mostrar o relógio para satisfazê-lo.)

A maioria dos tiques não tem nenhum "significado" inicial; eles são muito mais análogos a contrações involuntárias de músculos (a chamada mioclonia), embora alguns possam ser elaborados ou receber significados a posteriori. Apesar disso, muitos dos tiques e compulsões da síndrome de Tourette parecem ter o objetivo de testar as fronteiras daquilo que é socialmente aceitável ou até fisicamente possível.

Uma pessoa com Tourette tem certo grau de controle de

um comportamento que, de outro modo, seria involuntário ou compulsivo; assim, em um tique de socar, por exemplo, o punho se detém a milímetros do rosto da outra pessoa. No entanto, os tourettianos podem ser menos cuidadosos se o tique se volta contra eles mesmos — conheço dois que têm a compulsão de se jogar de barriga para baixo no chão e outros que fraturaram ossos ou causaram uma concussão em si mesmos com pancadas violentas no peito ou na cabeça.

Tiques verbais, em especial obscenidades ou imprecações que escapam num rompante, são relativamente raros na síndrome de Tourette, mas podem ofender — e aqui a consciência às vezes interfere para atenuar as palavras ofensivas. Por exemplo, Steve B., que se sentia compelido a gritar *"nigger!"*, no último instante trocava para *"nickels and dimes!"*.*

Muitos comportamentos tourétticos destoam por completo da pessoa "real". Quando conheci Andy J., que tinha um tique irreprimível de cuspir, ele me arrancou a prancheta com um safanão, apontou para sua mulher e exclamou: "Ela é puta e eu sou o cafetão" — e no entanto é um homem afável e tranquilo, que tem enorme carinho pela mulher.

Contudo, às vezes tenho a impressão de que a síndrome de Tourette pode proporcionar uma energia criativa especial. Samuel Johnson, o grande literato do século XVIII, provavelmente era portador dessa síndrome. Tinha muitas compulsões ou rituais, em especial quando entrava numa casa: rodopiava ou gesticulava à porta e então dava um salto súbito e se posicionava com as pernas bem separadas, uma de cada lado da soleira. Além disso, fazia vocalizações estranhas, murmurava como quem recita uma litania e imitava os outros involuntariamente. Impossível não imaginar que sua imensa espontaneidade, esquisitice e espirituosidade atilada talvez tivessem alguma ligação orgânica com seu estado frenético e dominado por impulsos motores.

---

* *Nigger*: termo pejorativo para "negro"; *nickels and dimes*: moedas de cinco e dez centavos. (N. T.)

Lowell e eu fomos juntos a Toronto para visitar Shane F., um artista que conseguia criar pinturas e esculturas belíssimas e eloquentes apesar de ter tiques e compulsões tão graves que seu cotidiano era atravancado por dificuldades e vicissitudes. À primeira vista já era óbvio que Shane tinha uma forma da síndrome de Tourette diferente da de Lowell. Ele se movimentava e explorava sem parar. Tudo e todos ao seu redor eram olhados, apalpados, revirados, cutucados, perscrutados, cheirados — uma investigação convulsiva mas, ao mesmo tempo, divertida do mundo que o cercava. Ele parecia ter sentidos hiperaguçados; reparava em tudo e era capaz de ouvir um sussurro emitido a cinquenta metros de distância. Corria por trinta ou quarenta metros, dava meia-volta e retornava correndo ao lugar de partida — às vezes, pelo caminho, com agilidade espantosa, ele se agachava e passava por entre as pernas de alguém. E tinha um senso de humor anárquico, criando com frequência trocadilhos e piadas instantâneas e complexas.

Shane tem uma forma particularmente intensa da síndrome de Tourette, mas evita os medicamentos disponíveis para atenuar os tiques e as vocalizações. Para ele, o preço de se medicar é alto, pois sente que o remédio também lhe tolhe a criatividade.

Um dia, nós três caminhávamos por um bulevar em Toronto — um passeio entrecortado porque Shane desatava a correr ou se ajoelhava para cheirar ou lamber o asfalto. Era um dia perfeito, ensolarado, e passamos por uma lanchonete ao ar livre. Sentada a uma mesa na calçada, uma jovem estava prestes a abocanhar um hambúrguer que parecia delicioso. Lowell e eu ficamos com água na boca. Já Shane tratou de agir e, com um bote fulminante, deu uma grande mordida no sanduíche antes que a moça o levasse à boca.

A mulher ficou estupefata, assim como quem a acompanhava — mas então caiu na gargalhada. Percebeu o aspecto cômico do ato de Shane, e um episódio que poderia ser problemático foi desarmado. Nem sempre terminam tão bem os repentes dele, que frequentemente ultrapassam os limites da tolerância social. Muitas vezes ele é visto com desconfiança; em algumas ocasiões, seu comportamento bizarro provocou a ação de policiais ou de passantes. E seus tiques e compulsões constantes podem esgotá-lo e também a todos os que estão por perto.

Lowell e eu fomos a Amsterdam, convidados a participar de um programa de televisão de grande audiência. Eu me apaixonara pela Holanda na adolescência — pelo lugar e, não menos importante, pela sensação de liberdade intelectual, moral e criativa que caracteriza seu povo desde os tempos de Rembrandt e Espinosa. (Na primeira vez que estive lá, fiquei surpreso ao ver que o dinheiro em papel também era impresso em braille.) Como será que os holandeses encaram a síndrome de Tourette?, me perguntei. Será que sua liberdade e pensamento independente reduzem o choque, o medo e a irritação que os tourettianos podem causar?

Na véspera do programa, fomos passear pela cidade. Eu seguia Lowell a alguns metros de distância, para observar as respostas a seus movimentos e ruídos estranhos e repentinos. As reações das pessoas que passavam por nós transpareciam nos rostos, indisfarçadas — algumas achavam graça, outras ficavam perturbadas e umas poucas se indignavam.

Parece que muita gente viu nossa entrevista na televisão, pois no dia seguinte, quando tornamos a sair de manhã, as reações foram bem outras. Houve sorrisos, olhares curiosos e saudações amistosas; agora as pessoas pareciam reconhecer Lowell e compreender algumas coisas a respeito da síndrome de Tourette. Isso nos alertou para o quanto é essencial educar as pessoas, alterar o modo como elas veem os tourettianos — e mostrou que é possível fazer isso da noite para o dia, com um único programa de tv.

Naquela noite, tranquilos, fomos a um bar; lá nos ofereceram uns baseados, que fumamos do lado de fora. Passamos horas perambulando pela cidade — olhando igrejas, reflexos nos canais, vitrines, pessoas. Lowell, de câmera em punho, achava que as fotos que estava tirando eram as melhores de sua vida. Quando voltamos ao hotel, tarde da noite, e os sinos das velhas igrejas começaram a tocar, veio-me uma sensação de euforia.

Tudo estava certo no universo. Este era o melhor de todos os mundos possíveis.

No dia seguinte Lowell estava menos eufórico no café da manhã; descobrira que, na alegria e na confusão da véspera, enquanto estávamos chapados, esquecera-se de pôr filme na câmera, portanto as melhores fotos de sua vida não existiam. Em Roterdã encontramos Ben van de Wetering, brilhante psiquiatra holandês que tinha uma clínica para pacientes com síndrome de Tourette — uma raridade na época. Ele nos apresentou a dois de seus pacientes. Um deles era um jovem com marcados traços teutônicos, de traje e modos muito formais, que detestava sua condição de tourettiano e a atenção indesejável que atraía. "É totalmente *inútil!*", disse, contando que suprimia ou convertia sua coprolalia sempre que possível. Assim, toda vez que o palavrão "*fuck!*" estava prestes a lhe escapar da boca, ele conseguia, com esforço, alterá-lo para "*frightful!*" [deplorável, horrível, assustador]. (O que, na verdade, atraía mais atenção do que se ele tivesse dito "*fuck!*".) Suas manifestações tourettianas, em resposta a toda a supressão ou sanitização diurnas, vingavam-se dele à noite, quando uma litania de obscenidades lhe escapava durante o sono.

A outra paciente era uma jovem que se sentia muito acanhada ou temerosa de expor a síndrome em público — mas, assim que foi "liberada" (em suas palavras) pela exuberante Tourette de Lowell, permitiu-se tourettear com ele num impressionante dueto de movimentos convulsivos e ruídos. "A síndrome de Tourette tem algo de primitivo — tudo o que percebo, penso ou sinto se transforma instantaneamente em movimentos e sons", ela me disse. Ela gostava dessa torrente; sentia que era "a própria vida", mas reconhecia que podia causar muitos problemas em determinados contextos sociais.

Em seus efeitos, a síndrome de Tourette nunca se limita àquele que a tem; difunde-se e envolve outras pessoas e suas reações, e essas outras, por sua vez, exercem pressão — quase sempre desaprovadora, às vezes violenta — sobre o portador da síndrome. Não se pode estudar essa condição de forma isolada, como uma "síndrome" limitada à pessoa que a apresenta; ela invariavelmente tem consequências sociais e acaba por incluí--las ou incorporá-las. Assim, o que vemos é uma complexa negociação entre o indivíduo afetado e seu mundo, uma forma de adaptação às vezes cômica e benigna, outras vezes marcada por conflito, sofrimento, angústia e raiva.

No ano seguinte, Lowell e eu percorremos os Estados Unidos de carro, em visita a mais de uma dezena de pessoas com síndrome de Tourette que toparam nos encontrar.

Serpentear pela periferia de Phoenix com Lowell ao volante foi uma experiência e tanto. Ele pisava de chofre no freio ou no acelerador, dava guinadas para um lado e outro. Mas assim que chegamos à estrada aberta, seu estado quase frenético de impulsos e tiques deu lugar à calmaria e à concentração. Ele prosseguiu tranquilamente, com o olhar fixo na rodovia que se projetava à frente como uma flecha pelo deserto central do Arizona. Manteve a velocidade em estáveis 120 quilômetros por hora, sem se desviar.

A certa altura — estávamos rodando fazia três horas e precisávamos esticar as pernas — perguntei-lhe: "Se você saísse do carro agora e andasse em meio aos cactos, iria tourettear muito?".

"Não", ele respondeu. "Para quê?"

Lowell, com seus tiques ou compulsões de tocar muito fortes, não consegue estar na presença de pessoas sem encostar nelas. Em geral faz isso com delicadeza, usando a mão ou o pé. Dá a impressão de ser quase um impulso animal, como um cavalo quando bate de leve com a cabeça ou o focinho em uma pessoa. As reações — positivas, negativas ou neutras — das pessoas quando tocadas completam o circuito. Mas, de uma planta, não se poderia esperar nenhuma reação.

Isso me lembra um jovem vietnamita tourettiano que conheci. Em seu país, ele apresentava alguma coprolalia, mas agora que vive em San Francisco, onde poucas pessoas entendem o vietnamês, ele parou de imprecar em sua língua. Como Lowell, ele disse: "Para quê?".

* * *

Alguns portadores da síndrome são atraídos por súbitas tentaçõezinhas táteis ou visuais — um amassado, uma obliquidade, assimetrias ou formas estranhas. (Um deles, entalhador, gosta de introduzir em suas criações assimetrias súbitas, convulsivas — fazer uma cadeira "com forma de tique ou guincho".) Lowell costuma se entregar a repetições e permutações compulsivas de palavras e sons, cuja própria bizarrice provoca e gratifica o ouvido. Um dia, no café da manhã, ele se empolgou com o mingau de aveia, que ele chamava de *oakmeal*, em vez de *oatmeal*, e ficava repetindo "*oakmeal, oakmeal*" e, depois de algum tempo, emitia um explosivo "*kkkmmm!*". Em outra refeição, cismou com a palavra "*lobster*" [lagosta], repetiu "*lobbsster*", "*lobbsster*", seguido por "*mobbsster*", "*slobbsster*"* e finalmente concluiu: "Amo o som e o feitio de 'bbsstt'".

"Sinto um prazer enorme em repetir palavras muitas, muitas vezes", ele explicou. "É a mesma satisfação que tenho com os toques compulsivos — ter que tocar no vidro do seu relógio, sentir o clique das unhas no vidro, me deleitar com diferentes sentidos."

As manifestações da síndrome de Tourette podem ser exacerbadas pela fome. Quando chegamos a Tucson, vindo direto, sem parar para comer, Lowell foi sacudido por tiques tão violentos que, ao entrarmos num restaurante, todos os olhares convergiram para ele. Ocupamos uma mesa e Lowell disse: "Vou tentar uma coisa. Não me perturbe por quinze minutos". Fechou os olhos e começou a respirar profunda e ritmadamente, e em trinta segundos seus tiques se reduziram; em um minuto, desapareceram. Quando um garçom se aproximou — ele havia observado os movimentos violentos de Lowell ao entrarmos —, levei um dedo aos lábios e fiz sinal para que ele se afastasse. Decorridos exatos quinze minutos, Lowell abriu os olhos; parecia

---

* "*Oak*" é carvalho em inglês; "*mob*" é multidão; "*slob*", um sujeito desajeitado. (N. E.)

muito tranquilo e quase sem tiques. Mal acreditei. Pensava que uma mudança assim fosse fisiologicamente impossível. "O que aconteceu? O que você fez?", perguntei. Lowell disse que tinha aprendido meditação transcendental para conseguir, em lugares públicos, controlar tiques quase incontroláveis. "É apenas auto-hipnose", explicou. "A gente tem um mantra, uma palavrinha ou frase para ser repetida mentalmente bem devagar, e logo entra em transe e se desliga de tudo. Me acalma." Ele permaneceu quase sem tiques pelo resto da noite.[1]

Lowell havia localizado no Arizona gêmeos idênticos com síndrome de Tourette. Os dois meninos começaram a apresentar sintomas da condição na mesma época: imitações súbitas e estridentes da arara de estimação. Depois passaram a ter tiques de encolher o ombro, franzir o nariz, produzir estalidos com a língua, seguidos por tiques complexos e contorções de membros e do tronco. O quadro era similar, mas não idêntico — um tinha tiques de piscar os olhos, o outro, de arquejar. No entanto, salvo uma análise muito minuciosa, os dois tinham aparência e comportamento muito parecidos. Quanto disso seria algum tipo de predisposição genética e quanto seria uma tendência à imitação?

Conhecemos um jovem em New Orleans com tiques pronunciados, além de obsessões e compulsões — uma combinação nada rara. Ele já havia trabalhado em um silo de míssil em Dakota do Sul, uma ocupação que o apavorava porque, como tinha a compulsão de mexer em botões e controles, vivia com medo de lançar um míssil e começar uma guerra nuclear. O salário era bom, os colegas, simpáticos, mas a contínua sensação de risco, embora excitante, deixava-o arrasado. Trocou esse emprego por outro menos estressante.

Em Atlanta conhecemos Karla e Claudia, também gêmeas idênticas; como Shane, as duas tinham a forma extravagante e freneticamente multifacetada da síndrome que eu às vezes chamo de "supertourette". Eram jovens bonitas, divertidas, inte-

---

[1] Em outra ocasião, estávamos em uma loja cheia de relógios. Lowell se alarmou quando viu todos aqueles pêndulos oscilando. "Não podemos ficar aqui. Eu seria hipnotizado", disse.

ligentes, de vinte e poucos anos, com a voz rouca de tanto gritar. Tinham tiques motores e contorções, mas era pela boca que seus impulsos e fantasias costumavam irromper o mais das vezes. Andar de carro com Karla e Claudia era exasperante. A cada esquina, uma gritava "direita!", e a outra, "esquerda!". Elas nos contaram que tinham causado pânico em cinemas gritando juntas "fogo!" e esvaziado praias berrando "tubarão!". Da janela do quarto, elas se esgoelavam — "lésbicas negras e brancas!"; outro grito, mais perturbador, era "meu pai está me estuprando!". Embora os vizinhos soubessem que a gritaria era sintoma da síndrome de Tourette, o pai delas nunca se acostumou e sofria cruelmente quando elas gritavam "estupro!".

Talvez tenha sido uma infelicidade que nossa variegada excursão pelos Estados Unidos tenha terminado com um caso tão extremo — acontece que casos assim nos marcam, e muitos deles, por sua exorbitância, são esclarecedores.

Lowell e eu, viajando para conhecer mais de dez pessoas com Tourette e suas famílias, vimos uma variedade mais ampla de manifestações da síndrome do que é provável encontrar em uma clínica hospitalar, muito maior do que um neurologista comum jamais verá. Se, por um lado, existem formas extravagantes, por outro também há outras tão brandas que escapam do diagnóstico clínico — assim como o autismo, a síndrome de Tourette manifesta-se ao longo de um espectro. É possível encontrar uma forma muito complexa, porém leve, da síndrome, ou uma forma muito simples, porém pronunciada. E em qualquer portador, a intensidade e a forma das manifestações podem variar; pode haver meses ou anos de relativa remissão, e meses ou anos de cruel exacerbação.

Lowell ouvira falar de um lugar quase mítico, no extremo norte do Canadá, onde existe uma comunidade inteira de pessoas com síndrome de Tourette, uma numerosa família menonita cujos membros apresentam essa condição há no mínimo seis gerações (ele passou a se referir ao lugar como Tourettesville). Como seria pertencer a essa enorme família na qual ter tiques e gritar está longe de ser algo incomum e quase faz parte de uma tradição familiar? Como a síndrome poderia afetar ou ser afetada por crenças morais ou religiosas numa comunidade de crentes tão isolada? Decidimos ir até lá para descobrir.

No aeroporto mais próximo de La Crete — era pouco mais do que uma pista de pouso na floresta —, alugamos um carro meio capenga e com o para-brisa rachado pelo cascalho grosseiro das estradas. Ao iniciarmos a viagem de 112 quilômetros até o vilarejo, senti escoarem as tensões da cidade e observei que os surtos tourettianos de Lowell se abrandavam, tranquilizados pela beleza, pela paz e pelo isolamento do campo. Chegando a La Crete, passamos por um casal de menonitas que vendia melancia na beira da estrada. Paramos, compramos uma e conversamos um pouco: eles tinham vindo da Colúmbia Britânica, fazendo escalas em várias comunidades minúsculas — uma sossegada rede meio religiosa, meio comercial que liga as comunidades menonitas do noroeste do país.

Os menonitas descendem de um grande grupo oriundo da Alemanha e dos Países Baixos, impelido a buscar liberdade religiosa primeiro na Ucrânia, depois no Canadá. Eles ainda acreditam que é possível viver da agricultura tradicional, em proximidade com o solo e com a família, acreditam na não violência, na simplicidade e num afastamento parcial do mundo lá fora.

Em La Crete, uma localidade com setecentos habitantes, há uma igreja para cada uma das cinco principais seitas menonitas — entre os menonitas existe uma considerável variedade de práticas e crenças. Os mais rigorosos são os da Colônia Velha, que desconfiam da educação e do cotidiano seculares (porém não são absolutamente isolados como os *amish*, um subgrupo que se cindiu nos anos 1690). Eles se vestem com sobriedade e roupas escuras, as mulheres cobrem a cabeça, enquanto outros moradores usam jeans e camiseta. Ali reina o simples e o prático, a atmosfera é de tranquilidade.

Essa tranquilidade foi rompida quando chegamos à casa de David Janzen. David era o portador de Tourette que mais se destacava no vilarejo. Lowell combinara encontrá-lo, e ele veio até nós correndo, gritando e cheio de tiques. O barulhão que fazia — ensurdecedor, chocante — parecia perturbar todo o seu ser e, na verdade, também a placidez de toda La Crete. Seus tourettismos alegres contagiaram Lowell. Os dois se abraçaram e gritaram, cheios de tiques — era uma cena ao mesmo tempo comovente e absurda; pensei na animação de dois cachorros quando se encontram. David, então com quarenta e poucos anos, começara a apresentar vários tipos de tique aos oito. Isso não surpreendeu a família, pois sua mãe e suas duas irmãs mais velhas também os tinham, assim como dezenas de primos e parentes mais distantes. Chamavam isso de "irrequietação", e os Janzen eram considerados "agitados" ou "nervosos".

"Minha avó piscava os olhos e estalava os lábios o tempo todo", contou um primo de David, "ou cacarejava, piava como mocho, fazia caretas e coisas assim — era normal. Todo mundo agia assim."

As verdadeiras dificuldades de David começaram aos quinze anos, quando ele desatou a gritar "*fuck!*". Proferir obscenidades e profanidades não era uma manifestação habitual da síndrome ali em La Crete. Os palavrões pareciam indicar um eu selvagem ou algum estímulo pérfido do Demônio. As compulsões de David começaram a se multiplicar. Às vezes ele tinha o impulso de se ferir ou quebrar coisas. Dizia a si mesmo: "Demônio! Por que não sai de mim e me deixa em paz?".

O garoto fugiu, mas para dentro. "Durante minha fase desbocada, eu mal saía de casa", ele contou. "Não interagi com ninguém — talvez por um ano. Naquela época, muitas vezes eu me enfurnava no quarto e chorava até adormecer."

Seus pais tentaram ser compreensivos, mas também estavam confusos. Viam nessa doença esquisita um aspecto moral e outro físico. Achavam que o filho estava sujeito a alguma força externa, mas que ele também "consentia" os palavrões. O próprio David começou a sentir que lhe faltava força de vontade. Alguns em La Crete tinham uma opinião mais simples: o rapaz era alvo da ira e da punição divina. Segundo um morador, eles pensavam que "os Janzen são estranhos, em especial David. Deus deve estar punindo essa família por alguma coisa".

Aos vinte e poucos anos, David se casou e formou uma família, embora seus distúrbios não dessem trégua. Ele muitas vezes se sentia impelido a arfar violentamente ou a prender a respiração; essas convulsões respiratórias, não raras na síndrome, eram extenuantes. "Eu ficava muito cansado por lutar tanto contra isso, em especial quando dirigia", ele lembrou. Na época, ele fazia viagens de caminhão de High Level a Hay River, refreando compulsões súbitas de frear, acelerar ou dar guinadas no volante. Às vezes ele se feria com movimentos causados por tiques. "Certa vez cortei minha perna quando usava uma motosserra — hoje sei que aquele movimento foi causado pela síndrome de Tourette", ele diz, mostrando a longa cicatriz no joelho esquerdo.

David amava capinar e plantar, trabalhar com bois e cavalos, mas tinha dificuldades, pois seus tiques sobressaltavam os animais, que se retraíam. Ele precisou parar de trabalhar aos trinta anos — "encostado" na previdência social, seu moral foi afundando cada vez mais. Por fim, aos 38 anos David teve uma crise. "Senti que precisava ter uma resposta, respostas, senão não poderia continuar."

Um médico da região supôs que ele tivesse coreia de Huntington, doença aterradora e fatal. Em Edmonton, disseram que talvez fosse mioclonia, contrações musculares involuntárias. Por fim, encaminharam-no ao dr. Roger Kurlan, neurologista da Universidade de Rochester em Nova York especializado em distúrbios do movimento.

Kurlan bateu os olhos no paciente e declarou: "Você tem síndrome de Tourette". David nunca tinha ouvido falar disso. Conforme Kurlan descrevia os tiques, as compulsões, David sentiu um alívio imenso. "Me deu vontade de pular de alegria", ele contou. "Foi-se embora aquele sentimento terrível de ser amaldiçoado. Não era o Demônio atuando em mim — o que eu mais temia — nem era um problema de saúde fatal. Eu tinha uma doença simples, que tinha até nome. Um nome bonitinho, ainda por cima — que eu repetia o tempo todo."

Mas uma coisa o deixou intrigado. "O senhor disse rara. Não é uma doença hereditária?", ele perguntou ao médico. "Raramente encontro em famílias", Kurlan respondeu. "Pois a maioria das pessoas que eu conheço tem Tourette", David replicou, meio surpreso. "Minha família, pelo menos — minha mãe, minhas duas irmãs." Ele pegou um lápis e traçou uma árvore genealógica no mata-borrão, indicando mais de uma dezena de parentes próximos que também eram afetados.

Quando conversei com Furlan, quatro anos mais tarde, ele me disse que aquele foi o momento mais espantoso de toda sua carreira de médico. Nunca havia pensado que a síndrome pudesse ter um componente genético tão forte. Foi a La Crete, ainda incrédulo, e ali passou uma semana investigando dia e noite, e entrevistou 69 membros da família Janzen. Ele lhes explicou que o que eles tinham não era nenhuma doença orgânica grave, tampouco uma maldição, mas um distúrbio não progressivo do sistema nervoso, muito provavelmente de determinação genética.

Essa explicação científica, embora tenha trazido grande alívio e provocado muita discussão, não dissipou por completo a hipótese religiosa em meio à comunidade. Eles ainda acreditavam que a mão de Deus estava por trás da síndrome de Tourette. Mas adotaram o termo sem ressalvas: em La Crete, comportar-se de modo esquisito passou a ser "tourettear". Georges Gilles de la Tourette, o neurologista francês do século xix que identificou a síndrome, ficaria surpreso se soubesse que seu nome é conhecido — e na verdade, muito usado — numa remota povoação agrícola a 6400 quilômetros de Paris.

Os judeus ortodoxos têm uma bênção que deve ser proferida quando se vê algo inusitado: eles louvam a Deus pela diversidade de sua criação e dão graças por aquela prodigiosa estranheza. Essa me pareceu ser a atitude da comunidade de La Crete em relação a tourettianos. Todos aceitavam aquela condição — não era uma coisa incômoda ou insignificante contra a qual se devia reagir ou fazer vista grossa, mas uma profunda singularidade, um prodígio, exemplo do mistério absoluto da Providência.

Os portadores de síndrome de Tourette, com seus impulsos e imprecações, podem se sentir rejeitados, discriminados por uma condição incomum que ninguém à volta deles tem ou compreende bem. Muitos foram afastados ou punidos na infância, ou barrados em restaurantes e outros lugares públicos na vida adulta. Lowell enfrentava atitudes assim por anos, por isso La Crete lhe pareceu particularmente aprazível: era a primeira vez que ele se via livre de atenção negativa. Parte dele se apaixonou por La Crete, e ele acalentou a ideia de casar com uma linda moça menonita com síndrome de Tourette e viver feliz para sempre. "Eu sentia a atração de Nova York", Lowell refletiu depois que partimos, "mas também sentia a atração de passar uma vida em família e com amigos num lugar como Tourettesville. Só que eu era apenas um visitante, um visitante muito estimado, mas ainda assim um visitante. Só fui parte do mundo deles por um brevíssimo tempo."

IMPULSO

Walter B., um homem afável e extrovertido de 49 anos, veio se consultar comigo em 2006. Na adolescência, depois de uma lesão na cabeça, ele passou a ter convulsões epilépticas. As primeiras assumiram a forma de episódios de déjà-vu que podiam ocorrer dezenas de vezes por dia. Às vezes ele ouvia uma música que ninguém mais ouvia. Não tinha ideia do que poderia estar acontecendo e, temendo ser ridicularizado ou coisa pior, guardava para si essas experiências estranhas.

Por fim procurou um médico, que diagnosticou uma epilepsia do lobo temporal e prescreveu diversos medicamentos anticonvulsivos. A despeito dessa prescrição, suas convulsões — do tipo grande mal e do lobo temporal — se tornaram mais frequentes. Após uma década de tentativas com inúmeros medicamentos anticonvulsivos, Walter procurou outro médico, um neurologista especializado no tratamento de epilepsia "intratável" que lhe sugeriu um caminho mais radical: a remoção do foco convulsivo no lobo temporal direito por meio de uma cirurgia. A operação de certo modo o ajudou, mas dali a poucos anos se impôs um segundo procedimento, mais abrangente. A segunda cirurgia, junto com a medicação, controlou as convulsões de maneira mais eficaz, porém quase imediatamente originou alguns problemas singulares.

Walter, antes moderado ao se alimentar, passou a ter um apetite voraz. "Ele começou a ganhar peso", sua mulher me contou mais tarde, "e em seis meses ele teve de usar calças três números maiores. Seu apetite estava descontrolado." E continuou: "Ele levantava de madrugada e comia um pacote de biscoitos ou um queijo com uma caixa de *crackers*".

"Eu comia tudo o que via pela frente", Walter falou. "Se pusessem um carro na mesa, eu comeria." Ele também se tornou muito irritadiço:

Passava horas esbravejando em casa por coisas que não estavam onde deveriam estar (não tem meias, não tem pão de centeio, comentários percebidos como críticas). No caminho de casa, um motorista me deu uma fechada num cruzamento. Acelerei e barrei o caminho dele. Baixei o vidro, fiz um gesto obsceno, comecei a gritar, atirei no carro dele uma caneca cheia de café. Ele chamou a polícia pelo celular. Fui parado e multado.

A atenção de Walter passou a ser do tipo oito ou oitenta. "Eu me distraía com tanta facilidade que não conseguia começar ou concluir as coisas", ele disse. No entanto, também era propenso a ficar "fixado" em várias atividades — tocava piano, por exemplo, por oito ou nove horas seguidas.

Ainda mais perturbador foi o surgimento de um apetite sexual insaciável. "Ele queria fazer sexo o tempo todo", disse sua mulher.

Ele, que antes era um parceiro muito solidário e carinhoso, passou a agir mecanicamente. Não se lembrava que havíamos acabado de ter relações. [...] Depois da cirurgia, queria sexo o tempo todo... no mínimo cinco ou seis vezes por dia. E também deixou de lado as preliminares. Queria ir direto ao ato.

A saciedade durava uns momentos fugazes, e poucos segundos depois do orgasmo ele queria ter relações de novo, vezes sem conta. Quando sua mulher ficava exausta, ele buscava outros meios. Ele sempre fora um marido atencioso, mas agora seus desejos, seus impulsos, extravasavam a relação heterossexual e monogâmica que tinha com a mulher.

Era moralmente inconcebível para ele forçar galanteios sexuais com um homem, uma mulher ou uma criança — a pornografia na internet era a resposta menos danosa, ele pensou;

poderia lhe dar algum tipo de alívio ou satisfação, ao menos na fantasia. Passava horas se masturbando diante da tela do computador enquanto sua mulher dormia.

Depois que Walter começou a ver pornografia adulta, vários sites lhe propuseram comprar pornografia infantil, e ele o fez. Também enveredou por outras formas de estimulação sexual — com homens, animais, fetiches.[1] Assustado e humilhado por essas novas compulsões, tão estranhas à sua natureza sexual anterior, ele penava para se controlar. Continuou a ir para o trabalho, a participar de reuniões sociais, a encontrar amigos em restaurantes ou no cinema. Durante esses momentos, conseguia refrear suas compulsões, mas em casa, à noite, cedia aos impulsos. Envergonhadíssimo, ele não contou a ninguém sobre seu sofrimento e levou uma vida dupla por mais de nove anos.

E então aconteceu o inevitável: agentes federais foram à casa de Walter prendê-lo por posse de pornografia infantil. Foi terrível, mas também um alívio, pois ele não precisava mais esconder ou dissimular — usou a expressão "sair das sombras". Agora seu segredo estava exposto à mulher e aos filhos, e também a seus médicos, que imediatamente lhe prescreveram uma combinação de medicamentos que diminuíram — na verdade, quase aboliram — seu impulso sexual, e sua libido passou de insaciável a quase zero. Sua mulher me contou que no mesmo instante o comportamento dele voltou a ser "carinhoso e parceiro". Foi "como se um interruptor com defeito tivesse sido desligado", ela disse.

Atendi Walter em várias ocasiões no período entre a prisão e a ação penal, e ele me disse que tinha medo — sobretudo da reação de amigos, colegas e vizinhos. ("Pensava que me censurariam, que me lançariam ovos.") Mesmo assim, achava improvável que um tribunal julgasse criminosa sua conduta, considerando sua condição neurológica.

---

[1] Esse tipo de "perversão polimorfa" (um termo de Freud) pode ocorrer em várias condições nas quais os níveis de dopamina no cérebro são elevados demais. Observei em alguns de meus pacientes pós-encefalíticos "despertados" pela levodopa, e pode ocorrer em associação com a síndrome de Tourette ou com o uso crônico de anfetamina ou cocaína.

Walter se enganou a esse respeito. Quinze meses depois da prisão, seu caso foi a julgamento e ele foi processado por baixar pornografia infantil. O promotor desconsiderou sua condição neurológica, alegou ser um subterfúgio para livrá-lo da acusação. Afirmou que ele sempre fora um pervertido, uma ameaça ao público, e que merecia a pena máxima: vinte anos de prisão.

O neurologista que lhe sugerira a operação no lobo temporal e o tratara por quase vinte anos prestou depoimento como perito, e eu entreguei uma carta explicando os efeitos da cirurgia em seu cérebro. Nós dois frisamos que Walter sofria da rara mas bem comprovada síndrome de Klüver-Bucy, que se manifesta como apetite e impulsos sexuais insaciáveis, às vezes combinados com irritabilidade e distração, tudo em bases apenas psicológicas. (Essa síndrome foi reconhecida pela primeira vez nos anos 1880 em macacos lobotomizados e descrita subsequentemente em seres humanos.)

As reações de tudo ou nada que Walter apresentara eram características de dano em sistemas de controle centrais; podem ocorrer, por exemplo, em pacientes parkinsonianos tratados com levodopa.[2] Sistemas de controle normais têm um meio-termo e respondem de maneira modulada, mas os sistemas lascivos de Walter eram "impelidos" o tempo todo — quase não havia a experiência de consumação, era apenas o impulso por mais e mais. Assim que seus médicos tomaram conhecimento do problema, a medicação para controlá-lo foi prontamente ministrada — embora ao custo de uma espécie de castração química.

No tribunal, o neurologista garantiu que seu paciente não estava mais dominado por impulsos sexuais e frisou que ele nunca havia posto as mãos em pessoa alguma exceto sua mulher. (Também salientou que, entre mais de 35 casos registrados

---

[2] Isso também aconteceu com muitos dos meus pacientes, descritos em *Tempo de despertar*, que tinham dano em vários sistemas responsáveis pelo controle de impulso no cérebro. Por exemplo, Leonard L. era, como me contou depois, um "castrado", sem libido alguma antes de ser tratado com levodopa, mas sob o efeito da droga manifestou um apetite sexual fortíssimo. Ele sugeriu que o hospital providenciasse um serviço de bordel para os pacientes excitados pela levodopa e, vendo seus planos frustrados, masturbava-se constantemente — e muitas vezes em público — por horas.

de pedofilia associada a distúrbios neurológicos, apenas dois indivíduos tinham sido presos e acusados de comportamento criminoso.) Em minha carta ao tribunal, escrevi:

> O sr. B. é um homem de inteligência superior e [...] sensibilidade moral que, em dado momento, foi impelido por uma compulsão fisiológica irresistível a agir de modo incaracterístico. [...] Ele é rigorosamente monogâmico. [...] Nada em sua história ou em sua ideação presente indica que seja pedófilo. Ele não representa risco a crianças nem a qualquer pessoa.

Ao final do julgamento, a juíza concordou que Walter não podia ser responsabilizado por ter a síndrome de Klüver-Bucy. Porém, disse, ele *era* culpado por não informar o problema a seus médicos, que poderiam tê-lo ajudado, e manter durante muitos anos um comportamento que era prejudicial a terceiros. Ressaltou ainda que esse crime não era sem vítimas.

Sentenciou-o a 26 meses de prisão seguidos por outros 25 de prisão domiciliar e, enfim, por cinco anos sob supervisão. Walter aceitou a sentença com notável serenidade. Conseguiu sobreviver à vida na prisão com relativamente pouco trauma e durante aqueles meses empregou bem o seu tempo, criando uma banda musical com alguns detentos, lendo com voracidade e escrevendo longas cartas (escrevia-me com frequência sobre os livros de neurociência que faziam parte de suas leituras).

As convulsões e a síndrome de Klüver-Bucy permaneceram controladas pela medicação, e sua mulher o apoiou durante a detenção e no período da prisão domiciliar. Agora que ele é um homem livre, o casal retomou em grande medida a vida anterior. Eles ainda frequentam a igreja onde se casaram há muitos anos, e ele é ativo na comunidade.

Encontrei-o pouco tempo atrás. Via-se que ele estava aproveitando a vida, aliviado por não ter de esconder segredos. Irradiava uma tranquilidade que eu nunca observara nele.

"Estou em um lugar muito bom", disse.

A CATÁSTROFE

Em julho de 2003, meu colega neurologista Orrin Devinsky e eu atendemos Spalding Gray, ator e escritor famoso por seus brilhantes monólogos autobiográficos, uma modalidade que ele praticamente inventou. Ele e Kathie Russo, sua mulher, haviam nos procurado devido a uma situação complexa surgida depois de Spalding ter sofrido um traumatismo cranioencefálico dois anos antes.

Em junho de 2001, os dois foram passar as férias de verão na Irlanda para comemorar os sessenta anos de Spalding. Certa noite, quando percorriam uma estrada no interior, uma picape dirigida por um veterinário bateu de frente no carro deles. Kathie estava ao volante; Spalding vinha no banco de trás com outro passageiro. Não usava cinto de segurança, e sua cabeça bateu na parte posterior da cabeça de Katie. Ambos perderam os sentidos. (Kathie sofreu queimaduras e contusões, mas nenhum dano permanente.) Quando Spalding recobrou a consciência, estava deitado no chão ao lado do carro destroçado, com uma dor terrível no quadril direito fraturado. Foi levado ao hospital da região e, passados vários dias, a um hospital maior, onde lhe instalaram pinos.

Seu rosto estava inchado e arroxeado, mas os médicos se concentraram na fratura do quadril. Só na semana seguinte Kathie reparou num "amassamento" logo acima do olho direito do marido. Radiografias constataram uma fratura composta na órbita e no crânio, e os médicos recomendaram uma cirurgia.

Spalding e Kathie voltaram a Nova York para a operação, e a ressonância magnética revelou fragmentos ósseos pressionando o lobo direito frontal, embora os cirurgiões não vissem nenhum dano macroscópico na área. Os fragmentos foram removidos, parte do crânio foi substituída por placas de titânio, e um *shunt** foi inserido para drenar o excesso de fluido. Ele ainda sentia alguma dor decorrente da fratura no quadril e não conseguia andar bem, nem mesmo com uma órtese no pé (seu nervo ciático sofrera lesão no acidente). O curioso, porém, é que durante esses meses terríveis de cirurgias, imobilidade e dor, Spalding mostrou uma animação surpreendente. Sua mulher até achou que ele estava "incrivelmente bem" e otimista.

No fim de semana do Dia do Trabalho** de 2001, cinco semanas depois da cirurgia no cérebro e ainda de muletas, Spalding fez duas apresentações a plateias enormes em Seattle. Estava em excelente forma.

Uma semana depois, porém, seu estado mental se alterou de repente e ele caiu numa depressão profunda, até mesmo psicótica.

Dois anos depois do acidente, em sua primeira consulta conosco, Spalding entrou na sala devagar, levantando cuidadosamente o pé direito, com órtese. Assim que se sentou, me espantei com a ausência de movimento e fala espontânea, com sua inexpressividade facial. Ele não tomava a iniciativa de nenhuma conversa, dava respostas curtas às minhas perguntas, às vezes com uma palavra só. Logo pensei, e Orrin também, que aquilo não era uma simples depressão, nem mesmo uma reação ao estresse e às cirurgias dos dois últimos anos — para mim, estava claro que Spalding devia ter problemas neurológicos.

Quando o incentivei a relatar sua história, ele começou — muito estranhamente, achei — contando que, alguns meses antes do acidente, tivera uma súbita "compulsão" de vender sua casa em Sag Harbor, uma propriedade que ele amava e onde sua

---

* Termo médico que designa um desvio para absorver ou excretar líquido através da criação de uma fístula ou da inserção de um dispositivo mecânico. (N. T.)

** Comemorado nos Estados Unidos na primeira segunda-feira de setembro. (N. T.)

família tinha vivido por cinco anos. O casal concordou que a família precisava de mais espaço; assim, eles compraram uma propriedade nas imediações, com mais quartos e um quintal maior. Mas Spalding relutava em vender a casa antiga, e eles ainda estavam morando nela quando partiram para a Irlanda. No hospital, na Irlanda, depois da cirurgia no quadril, ele concluiu a negociação do imóvel. Mais tarde, passou a sentir que naquele período ele tinha sido "outra pessoa", que "bruxas, fantasmas e vodu" tinham lhe "ordenado" vender.

Ainda assim, mesmo com o acidente e as cirurgias, Spalding permaneceu animado durante o verão de 2001. Sentia-se cheio de novas ideias para seu trabalho — o acidente, e até as cirurgias, seriam um ótimo material — e ele poderia apresentar tudo aquilo em uma peça nova, *Life Interrupted* [Vida interrompida].

Fiquei impressionado, e talvez um pouco preocupado, com a facilidade com que ele se propunha a dar um fim criativo aos horríveis acontecimentos do verão. Por outro lado, também pude compreendê-lo, já que no passado eu mesmo não hesitara em incorporar a meus livros algumas crises pessoais.

Na verdade, se servir da própria vida (e às vezes da vida de terceiros) como material é comum para artistas — e Spalding era um tipo de artista muito especial. Embora atuasse esporadicamente na televisão e no cinema, sua verdadeira originalidade residia nos mais de dez monólogos aclamados que ele encenava no teatro. (Vários deles, como *Swimming to Cambodia* [Nadando até o Camboja] e *Monster in a Box* [O monstro da caixa], foram filmados.) Sua técnica cênica era enxuta e simples: sozinho no palco, com apenas uma mesa, copo de água, caderno e microfone, ele estabelecia de imediato cumplicidade com a plateia e tecia histórias de fundo autobiográfico. Nessas peças, as comédias e desventuras de sua vida — as situações frequentemente absurdas nas quais ele se via — eram elevadas a uma extraordinária intensidade dramática e narrativa. Quando lhe perguntei sobre isso, Spalding respondeu que era um ator "nato" — que, em certo sentido, sua vida inteira era uma "representação". Algumas vezes ele se perguntou se não criava aquelas crises só para ter material, e essa ambiguidade o incomodava. Será que vendera sua casa para ter "material"?

Uma das características especiais dos monólogos de Spalding era que, pelo menos no palco, ele raramente se repetia; as histórias sempre eram contadas de um modo diferente, com outra ênfase. Era um talentoso inventor da verdade, qualquer que lhe parecesse ser a verdade no momento.

A família estava com data marcada para se mudar da velha casa: 11 de setembro de 2001. Àquela altura, Spalding já andava consumido pelo arrependimento de tê-la vendido, uma decisão que considerava "catastrófica". Quando Kathie lhe contou sobre o ataque terrorista ao World Trade Center naquela manhã, ele mal prestou atenção.

Desde então, disse Kathie, Spalding vivia ruminando, deprimido, obsessivo, encolerizado e culpado, a venda da casa. Nada o demovia daquilo. Cenas e conversas a respeito do imóvel repassavam incessantemente em sua cabeça. Qualquer outro assunto lhe parecia periférico e insignificante. Ele, antes um leitor voraz e escritor prolífico, agora se sentia incapaz de ler ou escrever.

Spalding contou que tivera depressões ocasionais por mais de vinte anos, e alguns de seus médicos aventaram que ele tivesse transtorno bipolar. No entanto, essas depressões, embora graves, haviam sido controladas com psicoterapia ou, às vezes, lítio. Mas ele sentia que seu estado atual era diferente, muito mais profundo e tenaz. Precisava de uma força de vontade suprema em atividades como andar de bicicleta, coisa que antes fazia espontaneamente e com prazer. Tentava conversar, sobretudo com seus filhos, mas tinha dificuldade. O garoto de dez anos e sua enteada de dezesseis, preocupados, sentiam que o pai estava "transformado" e "não era mais ele mesmo".

Em junho de 2002, Spalding buscou ajuda em Silver Hill, um hospital psiquiátrico em Connecticut. Prescreveram-lhe Depakote, uma droga às vezes usada para transtorno bipolar. Mas sua condição praticamente não melhorou, e ele se tornou cada vez mais convencido de que algum tipo de Destino irresistível e perverso o dominara e lhe ordenara vender a casa.

Em setembro de 2002, ele pulou de seu veleiro; queria se afogar (perdeu a coragem e se agarrou ao barco). Passados alguns dias, ele foi encontrado andando pela ponte de Sag Harbor, olhando a água; policiais intervieram e Kathie o levou para casa. Pouco depois ele foi internado na Clínica Psiquiátrica Payne Whitney, no Upper East Side, em Nova York. Passou quatro meses lá e recebeu mais de vinte tratamentos de choque, além de todo tipo de medicação. Não reagiu a nada e parecia piorar dia a dia. Quando saiu, seus amigos sentiram que algo terrível e talvez irreversível havia acontecido. Para Kathie, ele era "um homem destruído".

Em junho de 2003, na esperança de esclarecer a natureza daquela deterioração, Spalding e Kathie foram ao Hospital Resnick, da Universidade da Califórnia em Los Angeles, e ele se submeteu a exames neuropsiquiátricos. Teve resultados ruins em vários testes, que indicaram "déficits de atenção e execução típicos de dano no lobo frontal direito". Os médicos lhe disseram que seu estado podia se deteriorar mais em consequência do processo de cicatrização cerebral onde o lobo frontal sofrera o impacto da colisão e dos fragmentos ósseos implodidos, que ele talvez nunca mais fosse capaz de criar obras originais. Segundo Kathie, Spalding ficou "moralmente devastado".

Em julho, quando veio se consultar comigo e com Orrin pela primeira vez, perguntei se ele ruminava sobre outros temas além da venda da casa. Sim: ele pensava muito em sua mãe. Quando ele estava com 26 anos, ela, que sofrera de psicose intermitente desde que Spalding tinha dez anos, caiu num estado de remorso e tortura decorrente da venda da casa da família. Incapaz de suportar o tormento, ela se matou.

Misteriosamente, ele tinha a sensação de estar reproduzindo o que acontecera com sua mãe. Sentia a atração do suicídio e pensava nisso com frequência. Disse que se arrependia de não ter se suicidado no hospital da Universidade da Califórnia. Por que lá?, perguntei. Ele respondeu que, um dia, alguém esqueceu em seu quarto um saco plástico grande, e teria sido "fácil". Mas desistiu ao pensar na mulher e nos filhos. Mesmo assim, a ideia do suicídio assomava todo dia "como um sol negro", ele disse. E acrescentou que os últimos dois anos tinham sido "medonhos". "Não sorrio desde aquele dia."

Agora, com um pé parcialmente paralítico e a órtese, que o irritava mesmo se usada por curto tempo, ele também estava privado da válvula de escape física. "Caminhar, esquiar e dançar haviam sido um fator muito importante na minha estabilidade mental", ele me disse; além disso, sentia que fora desfigurado pela lesão e pela cirurgia na face.

Houve uma breve e dramática pausa nas ruminações de Spalding uma semana antes de ele nos procurar, quando precisou ser operado porque uma das placas de titânio em seu crânio havia se deslocado. A cirurgia demorou quatro horas, com anestesia geral. Ao recobrar a consciência e nas doze horas subsequentes, Spalding voltou a ser o homem de antes, comunicativo, cheio de ideias. As ruminações e a desesperança haviam desaparecido — ou melhor, agora ele via como se valer criativamente dos acontecimentos dos dois últimos anos, incorporando-os a um de seus monólogos. Mas, no dia seguinte, essa breve animação ou libertação passou.

Orrin e eu, discutindo sua história e observando a imobilidade e a falta de iniciativa tão incaracterísticas, nos perguntamos se não haveria algum componente orgânico, decorrente do dano em seus lobos frontais, que tivesse sido responsável por aquela estranha "normalização" após a anestesia. Parecia que seus lobos frontais comprometidos não lhe permitiam nenhum meio-termo: ou o mantinham paralisado com um grilhão neurológico, ou, de repente, por um breve período, o libertavam e o jogavam no estado oposto. Será que algum tipo de amortecedor — uma função do lobo frontal protetora, inibidora — se rompera no acidente, permitindo que pensamentos e fantasias antes suprimidos ou reprimidos invadissem incontrolavelmente sua consciência?

Os lobos frontais estão entre as partes do cérebro humano mais complexas e de evolução mais recente — seu tamanho aumentou muitíssimo nos últimos 2 milhões de anos. Nossa capacidade de raciocínio espacial e reflexão, de trazer à mente muitas ideias e fatos e retê-los enquanto trabalhamos com eles, de criar e manter um foco constante, de fazer planos e pô-los em ação — tudo isso é possibilitado pelos lobos frontais.

Por outro lado, essa área também exerce uma influência que inibe ou refreia o que Pavlov chamou de "a força cega do subcórtex" — os impulsos e arroubos que podem nos dominar se não os reprimirmos. (Os grandes primatas não humanos e os macacos, assim como as crianças, embora sejam claramente inteligentes e capazes de antever e planejar, têm lobos frontais menos desenvolvidos e tendem a fazer o que lhes vem primeiro à cabeça em vez de parar e refletir. Essa impulsividade também pode ser notada em pacientes com dano em lobo frontal.) Em geral existe um primoroso equilíbrio, uma delicada mutualidade entre os lobos frontais e as partes subcorticais do cérebro que medeiam a percepção e o sentimento. Isso permite uma consciência livre, versátil e criativa. A perda desse equilíbrio em razão de dano no lobo frontal pode "liberar" comportamentos impulsivos, ideias obsessivas e sentimentos e compulsões avassaladores. Será que os sintomas de Spalding resultavam de dano no lobo frontal, de depressão grave ou de uma combinação maligna dessas duas coisas?

Danos no lobo frontal podem acarretar dificuldades de prestar atenção e resolver problemas, além de empobrecer a criatividade e a atividade intelectual. Embora Spalding não reconhecesse nenhuma deterioração mental desde o acidente, Kathie cogitava a possibilidade de as incessantes ruminações do marido serem, em parte, uma "cobertura" ou "disfarce" para uma perda intelectual que ele não queria admitir. Fosse o que fosse, Spalding sentia que não conseguiria atingir o alto nível criativo, a versatilidade cômica e a maestria de suas peças do período anterior ao acidente. E outras pessoas concordavam com ele.

Recebi Spalding e Kathie mais uma vez em setembro de 2003, dois meses depois da primeira consulta. Ele havia passado aquele período em casa, muito amargurado e incapaz de trabalhar. Quando lhe perguntei se sentia alguma diferença em seu estado, ele respondeu: "Nenhuma". Comentei que ele parecia mais animado e menos agitado, e ele replicou: "É o que dizem. Não sinto". E então (como que para me desiludir de qualquer ideia de que pudesse estar melhor) ele contou que tinha "ensaiado" um suicídio no fim de semana anterior. Kathie viajara para uma conferência de trabalho na Califórnia; temendo pela segurança dele no campo, ela havia providenciado para que ele passasse um fim de semana no apartamento que tinham em Manhattan. Mesmo assim Spalding saiu no sábado para avaliar a ponte do Brooklyn e a balsa da Staten Island como locais para um suicídio dramático, mas teve "medo demais" de agir — sobretudo quando pensou na mulher e nos filhos.

Ele tinha voltado a andar um pouco de bicicleta e passava com frequência defronte à sua antiga casa, embora quase não suportasse vê-la repintada e em posse de outros. Propôs aos novos donos comprá-la de volta, supondo que talvez isso pudesse libertá-lo do "feitiço", mas eles não se interessaram.

Contudo, Katie salientou, apesar de estar profundamente deprimido e obcecado, nos dois últimos anos Spalding se esforçara a viajar e fazer várias apresentações em outras cidades. Mas esses shows, nos quais ele falava sobre o acidente, estavam longe de ser seus melhores. Em um deles, quando ele bateu à porta do teatro antes da apresentação, o diretor, que o conhecia bem, por um momento pensou que se tratasse de um sem-teto, tão desleixada era sua aparência. Spalding parecia distraído no palco e não se conectou com a plateia.

No final da consulta, Kathie disse que Spalding devia ir ao hospital no dia seguinte para uma tentativa de livrar seu nervo ciático direito do tecido cicatricial que o envolvera. O cirurgião esperava que o procedimento, a ser efetuado por meio de uma anestesia geral, permitisse alguma regeneração do nervo e a movimentação adequada do pé. Lembrando como a anestesia o afetara drasticamente alguns meses antes, combinei visitá-lo no hospital algumas horas depois da operação.

Encontrei Spalding notavelmente animado e sociável, com uma espontaneidade que eu nunca vira nele — muito diversa daquele homem quase mudo e tão indiferente que estivera em meu consultório na véspera. Ele iniciou a conversa, me ofereceu chá, perguntou de onde eu tinha vindo e quis saber o que eu andava escrevendo. Disse que sua ruminação obsessiva havia cessado por completo durante duas ou três horas depois de terminar o efeito da anestesia e que ainda estava muito reduzida.

Fiz nova visita no dia seguinte. Era 11 de setembro de 2003, dois anos depois de ele ter mergulhado em sua depressão "maligna". Ele continuava animado e loquaz. Orrin, em uma visita separada, também conseguiu ter uma "conversa normal" com Spalding. Nós dois estávamos espantados com aquela reversão quase instantânea. Especulamos sobre o que poderia ter permitido aquela "normalização" temporária. Orrin achava que, por 48 horas, a anestesia atenuara ou inibira a ruminação e os sentimentos negativos que haviam sido liberados pelo dano no lobo frontal; na prática, a anestesia fornecia a barreira protetora que normalmente seria função dos lobos frontais.

Na terceira visita, na manhã de 12 de setembro, mais uma vez encontrei Spalding de bom humor. Ele disse que tivera pouca dor pós-operatória e saiu do leito todo animado para mostrar que conseguia andar bem sem muletas e sem tala (embora ainda não houvesse recuperação neurológica e ele precisasse erguer muito o pé lesado quando andava). Quando eu estava de saída, ele perguntou aonde eu ia — o tipo de pergunta cordial que quase nunca fazia em seu estado ensimesmado. Respondi que ia nadar, e ele comentou que também tinha paixão por nadar, especialmente no lago perto de sua casa; disse que esperava nadar lá depois que saísse do hospital.

Observei, satisfeito, que havia um caderno em sua mesa. (Ele havia me contado que escrevia em um diário enquanto ficara hospitalizado na Irlanda.) Falei que achava que dois anos de tormento bastavam: "Você já pagou o que devia aos poderes das trevas". Spalding deu um meio sorriso e replicou: "Também acho".

Àquela altura, senti-me cautelosamente otimista. Talvez por fim ele estivesse emergindo da depressão e da lesão no lobo frontal. Disse-lhe que já tinha visto muitos pacientes com lesões cranianas mais graves que, com o tempo e o poder do cérebro para compensar danos, haviam recuperado a maior parte de suas capacidades intelectuais.

Pretendia visitar Spalding no dia seguinte, mas não fui porque Kathie deixou uma mensagem telefônica avisando que ele abandonara o hospital sem ter tido alta e sem levar dinheiro nem documento.

Na manhã seguinte, encontrei outra mensagem; dessa vez, ela dizia que Spalding tinha ido para a balsa de Staten Island e havia deixado uma mensagem avisando que pensava em suicídio. Kathie chamou a polícia, que enfim o pegou às dez da noite — ele estivera fazendo viagens de ida e volta na balsa. Foi internado involuntariamente em um hospital de Staten Island, depois transferido para uma unidade de reabilitação cerebral no Kessler Institute, em Nova Jersey, onde Orrin e eu fomos vê-lo alguns dias depois.

Spalding estava comunicativo e me mostrou quinze páginas que acabara de escrever — seu primeiro texto em muitos meses. Mas ainda tinha algumas obsessões estranhas e preocupantes. Uma delas estava ligada ao que ele chamava de "suicídio criativo". Ele lamentou, depois de ter falado com uma repórter que estava escrevendo um artigo sobre ele para uma revista, não a ter levado para a balsa de Staten Island e demonstrado um suicídio criativo ali mesmo. Esforcei-me para dizer que, vivo, ele podia ser muito mais criativo do que morto.

Spalding voltou para casa e, quando o vi em 28 de outubro, fiquei satisfeito ao saber que havia apresentado dois monólogos nas últimas duas semanas. Perguntei como conseguira; ele respondeu que se sentia na obrigação de fazê-lo: quando assumia um compromisso, ele o cumpria independentemente de como se sentisse. Talvez também esperasse que as apresentações o revigorassem. Nos velhos tempos, ele permanecia energizado depois de uma apresentação e entretinha amigos e fãs nos bastidores, Kathie me disse. Agora, embora ele se animasse um pouco por apresentar-se, recaía na depressão praticamente assim que a peça terminava.

Depois de uma dessas apresentações, ele deixou para Kathie um bilhete dizendo que ia pular da ponte em Long Island — e pulou mesmo. Achou que não podia voltar atrás nesse "compromisso". Foi um pulo bem público: várias testemunhas o viram, e uma delas o ajudou a voltar a terra firme.

Spalding com frequência escrevia bilhetes suicidas que Kathie ou os filhos encontravam na mesa da cozinha; a família ficava numa intensa angústia até ele reaparecer.

Em novembro, Orrin e eu fomos assistir a uma apresentação dele; ficamos impressionados com seu profissionalismo e virtuosismo no palco, mas achamos que ele continuava submerso em suas memórias e fantasias, em vez de dominá-las e transformá-las como fazia outrora.

Spalding e Kathie vieram a uma nova consulta no começo de dezembro. Quando fui recebê-los à porta do consultório, os olhos de Spalding estavam fechados, e ele parecia adormecido, mas abriu-os assim que lhe falei, e me seguiu sala adentro. Disse que não estava dormindo, e sim "pensando".

"Continuo a ter problemas enormes de ruminação", disse. "Me sinto destinado a seguir minha mãe em uma espécie de auto-hipnose. Está tudo acabado, é o fim. Estaria melhor morto. O que eu tenho para dar?"

Uma semana depois, os dois estavam em um barco, e ela se assustou com o modo "deliberado" como Spalding olhava para a água — agora Kathie sentia que precisava vigiá-lo o tempo todo.

Quando eu disse a Spalding que as pessoas tinham ficado muito impressionadas com seus monólogos mais recentes, ele replicou: "Sim, mas é porque elas veem quem eu era antes, como eu era, muito embora isso já não exista. São só sentimentais e nostálgicas".

Perguntei se transformar em monólogos os acontecimentos de sua vida, em especial alguns dos muito negativos, permitia que ele os integrasse e, com isso, os atenuasse. Não, respondeu, não agora. Sentia que seus monólogos atuais, longe de ajudá-lo como teriam feito antes, só agravavam seus pensamentos melancólicos. E acrescentou: "Antes, eu estava afiado com o material; tinha o uso da ironia".

Ele falou sobre ser um "suicida fracassado" e perguntou: "O que você faria se sua única escolha fosse ser internado em um hospício ou se matar?".

Contou que sua mente estava cheia de fantasias sobre sua mãe e sobre água, sempre água; todos os seus pensamentos suicidas estavam relacionados com água.

"Por que água, por que afogamento?", perguntei.

"Voltar para o mar, a nossa mãe", ele respondeu.

Lembrei da peça *A dama do mar,* de Ibsen, que havia lido trinta anos antes. Então a reli — com certeza Spalding, que era dramaturgo, também a conhecia. Ellida, que é criada em um farol, com uma mãe louca, também é impelida para uma espécie de insanidade por sua obsessão pelo mar e por uma "atração aterradora" por um marinheiro que parece encarnar o oceano. ("Toda a força do mar está nesse homem.")

A mudança de casa para Ellida, como para Spalding, levou-a a um estado quase psicótico no qual imagens semialucinatórias do passado e do que ela sente ser seu "destino" emergem do mar, vindas de seu inconsciente, e quase afogam sua capacidade de viver no presente. Wangel, seu marido, que é médico, percebe o poder desse estado: "A ânsia pelo ilimitado, pelo infinito — pelo inatingível — acabará impelindo sua mente para a escuridão total". Era isso que eu temia agora para Spalding: ele estar sendo arrastado para a morte por poderes com os quais nem ele, nem eu, nem qualquer um de nós podia lidar.

Spalding passara mais de trinta anos "na corda bamba", como ele disse, como um equilibrista, um funambulista, sem jamais cair.

Ele duvidava que seria capaz de continuar. Embora eu expressasse esperança e otimismo, no íntimo tinha a mesma dúvida.

Em 10 de janeiro de 2004, Spalding levou os filhos para ver um filme: *Peixe Grande e suas histórias maravilhosas*, de Tim Burton. Nele, um pai moribundo transmite suas histórias fantásticas ao filho antes de voltar para o rio, onde morre — e talvez reencarne como seu verdadeiro eu, um peixe, e assim torne real uma de suas histórias imaginosas.

Naquela noite, Spalding disse que ia visitar um amigo e saiu de casa. Não deixou bilhete suicida, como já fizera tantas vezes. Mais tarde um homem disse que o vira a bordo da balsa de Staten Island.

Dois meses depois, seu corpo apareceu na margem do rio East. Spalding sempre desejara que seu suicídio fosse dramático, mas acabou não dizendo nada a ninguém; apenas sumiu de vista e voltou silenciosamente para o mar, sua mãe.

PERIGOSAMENTE BEM

O sr. K., de 72 anos, era um homem inteligente, culto e bem-sucedido no ramo da moda. Estava com boa saúde geral, mas, em setembro de 2000, dois anos antes de se consultar comigo pela primeira vez, ele se queixara de dores nas articulações; seu médico diagnosticou polimialgia reumática e prescreveu duas doses diárias de dez miligramas de prednisona. Em poucos dias a dor e a rigidez melhoraram, e o sr. K. sentiu um grande bem-estar — grande demais, talvez. Mais tarde ele me contou sobre o efeito dos esteroides: "Me fizeram sentir uma energia tremenda. Eu, que vinha caminhando como um homem de noventa anos, agora tinha a sensação de voar quando andava. Nunca me senti tão bem na vida". Sua "euforia" (termo que ele em retrospecto usou para descrever seu estado) aumentou ao longo dos meses; ele se tornou cada vez mais sociável e ousado nos negócios. Para si mesmo e para os que conviviam com ele, o sr. K parecia animadíssimo.

Só ficou evidente que havia algo errado em março de 2001, quando o sr. K. viajou a negócios para Paris. Durante seus preparativos para a viagem, surgiram indícios de desorganização e exaltamento, e em Paris esses sintomas se manifestaram de forma extrema: ele esqueceu compromissos importantes (o que alertou sua família), gastou mais de 100 mil dólares em livros de arte, discutiu com funcionários do hotel e agrediu um policial no Louvre.

A agressão precipitou sua internação em um hospital psiquiátrico francês, onde ele demonstrou "delírio de grandeza e desinibição" e confessou que, sem dizer a ninguém, quintuplicara a dose de prednisona. Já fazia no mínimo três meses que estava tomando essa dose elevada — o aumento causara o que se conhece como "psicose esteroide", e o sr. K. foi diagnosticado com "um episódio maníaco com características psicóticas". Prescreveram-lhe tranquilizantes para a mania e reduziram a prednisona para os dez miligramas diários originais. No entanto, isso não surtiu grande efeito, e depois de alguns dias no hospital francês, em 30 de abril de 2001, ele, ainda barulhento e desinibido, viajou de volta para Nova York acompanhado de um médico. Em Nova York, o sr. K. foi internado em uma ala psiquiátrica; apesar da redução drástica dos esteroides, ele ainda parecia psicótico e seu raciocínio estava marcantemente confuso. Testes neuropsicológicos indicaram um declínio de seu QI, antes alto, e também de memória, linguagem e funções visuoespaciais.

Como não encontraram indícios de causas infecciosas, inflamatórias ou tóxico-metabólicas para seus persistentes déficits cognitivos, os médicos supuseram que devia haver alguma doença neurodegenerativa em rápida progressão — além da psicose esteroide (que talvez o predispusesse a essa outra condição ou tivesse sido desencadeada por ela). Cogitaram também doença de Alzheimer, demência de Lewy e, especialmente, demência frontotemporal.

Imagens do cérebro do sr. K. feitas por ressonância magnética e tomografia PET revelaram redução bilateral do metabolismo — um achado inconclusivo, mas que, com seus testes neuropsicológicos, era compatível com os primeiros estágios de demência.

Quando o sr. K. finalmente teve alta no começo de junho, depois de seis semanas no hospital, tornou-se mais agitado e confuso do que nunca e chegou a agredir sua mulher. Necessitando agora de supervisão ininterrupta, foi internado numa instituição exclusiva para pessoas com Alzheimer, e lá depressa sua situação foi de mal a pior. Ele começou a esconder e armazenar comida, a roubar pertences de outros pacientes, a andar sujo e maltrapilho — uma mudança drástica para ele, que antes cuidava tanto de sua aparência.

Sua mulher, aflita com a rápida desintegração do marido,

procurou a opinião de um neurologista em meados de julho. O novo médico pediu mais exames e passou a reduzir gradativamente a dose de prednisona.

Em setembro de 2001, após um ano de uso contínuo, enfim o sr. K. parou de tomar esteroides. Sua confusão diminuiu quase de imediato, o que ficou muito claro em um casamento na família em meados daquele mês. O sr. K., de volta à sua aparência garbosa, reconheceu a maioria dos convidados, cumprimentou-os e conversou de um modo que teria sido inconcebível um mês antes, quando sua demência era tão evidente.

O sr. K. já havia voltado a trabalhar em sua empresa, e testes neuropsicológicos feitos duas semanas depois mostraram grande melhora em quase todas as suas funções cognitivas, embora ainda houvesse vestígios de impulsividade, perseveração do pensamento e alguns déficits intelectuais.

Tudo isso era muito tranquilizador, mas também intrigante, pois doenças como Alzheimer e a demência frontotemporal são progressivas, não somem praticamente de um dia para o outro. No entanto, lá estava o sr. K. — num momento, com previsão de passar o resto da vida confinado em uma instituição para pacientes com Alzheimer; em outro, devolvido à família, ao trabalho e ao cotidiano, como se de repente acordasse de um medonho pesadelo de meses de duração. (Sua mulher escreveu um relato sobre o que se passou com ele, intitulado "Viagem de ida e volta ao inferno".)

Conheci o sr. K. seis meses depois disso, em março de 2002. Era um homem alto, simpático, bem-vestido, afável e conversador. Contou sua história de maneira racional e encadeada, porém com inúmeras digressões. (Não ficou claro quanto ele estava recordando suas experiências e quanto ele fora informado pelos outros, mas agora sabia recontar tudo com fluência.) Era persuasivo e cativante, e falou abertamente sobre outros aspectos de sua vida: seu interesse pela arte, seu desejo de escrever um livro sobre mais de cem museus quase desconhecidos da Europa e de criar um museu virtual on-line de seus tesouros. Mostrou-se animado, expansivo e loquaz ao discorrer sobre tudo isso, e eu me perguntei se o raciocínio dele não teria uma influência impulsiva "do lobo frontal", como poderia acontecer em um caso de demência frontotemporal incipiente. No entanto, sem conhecer muito bem o paciente por mais tempo, eu não tinha como saber; talvez, como insistiu sua mulher, aquele entusiasmo todo fosse normal para ele.

Testes neurocomportamentais recentes haviam revelado que ele ainda apresentava tendência a perseveração do pensamento, impulsividade, inatenção no olhar e déficits de evocação de memória — um padrão que sugeria, porém não diagnosticava, disfunção moderada de lobo frontal e hipocampal.

Meu exame neurológico do sr. K. não revelou nada de extraordinário, salvo um tremor em sua mão esquerda. Fazia várias semanas que ele havia parado de tomar remédios, e seu parkinsonismo moderado desaparecera quase por completo. No entanto, era evidente que ele e sua mulher se inquietavam com a incerteza expressa por seus médicos. "Com sorte, foi só uma psicose esteroide", disse o sr. K., "mas pode haver outras causas de base. Talvez um início de doença de Alzheimer. O que me preocupa é não termos um diagnóstico definitivo. Teriam sido apenas os esteroides ou haveria algum outro problema no horizonte?" Se houvesse mesmo alguma doença neurológica, temporariamente desmascarada ou liberada pelos esteroides, será que ela ainda não pairava sobre ele, esperando para causar uma demência irrevogável? Tanto o marido como a mulher usaram o termo "espreitando" e queriam saber se poderiam fazer mais alguma coisa para ter tranquilidade e um diagnóstico mais claro.

Eu não podia fornecer a resposta definitiva que eles queriam. Tudo aquilo era estranho. Debatia-se na literatura de neurologia se existia mesmo essa tal de "demência induzida por esteroide" e, caso existisse, qual poderia ser seu prognóstico — havia relatos de recuperação em alguns casos, mas não em outros.

Incapaz de dar ao sr. K. um diagnóstico decisivo, mas tranquilizado por sua melhora evidente, recomendei-lhe retomar todas as suas atividades normais; esperava, assim, que seu trabalho, que requeria muitas viagens e complexas tomadas de decisão e negociações, o fizesse sentir-se menos preocupado e reavivasse seu senso de identidade e otimismo. Na consulta seguinte, seis meses mais tarde, ele me disse que vinha trabalhando duro: "Minha doença onerou tremendamente a minha empresa. Estou tentando reerguê-la". Fiz o acompanhamento do sr. K. de tempos em tempos, e em maio de 2006, cinco anos depois de seu estranho ataque de demência, ele alcançou um nível bem superior em testes abrangentes de função mental. Contou que tinha voltado recentemente da Europa e da Turquia e que estava planejando abrir uma empresa em Dubai. Fez uma síntese fascinante da história do comércio de peles e anunciou que pretendia seguir adiante com seu museu on-line.

"Nenhum efeito residual do passado", ele disse. "Quase como se nunca tivesse acontecido."

Muitas vezes se supõe que a demência é irreversível. De fato, no contexto de uma doença neurodegenerativa, pode ser mesmo. No entanto, há demências graves a ponto de imitar a doença de Alzheimer e que, ainda assim, podem ser reversíveis. Esses casos não são raros em idades avançadas, quando uma dieta inadequada e deficiência de vitamina B12 podem acarretar declínio neural. E às muitas causas possíveis dessas demências reversíveis — distúrbios metabólicos e tóxicos, desequilíbrios nutricionais e até estresse psicológico —, temos de acrescentar o uso excessivo de esteroides. O sinal de perigo talvez seja a sensação de extremo bem-estar que eles produzem, a euforia que o sr. K. reconheceu tão depressa, mas à qual foi incapaz de resistir.

CHÁ COM TORRADAS

Theresa tinha 95 anos quando foi internada no Beth Abraham, em 1968. Mergulhara em uma demência que avançava gradualmente desde seu nonagésimo aniversário, embora, com a ajuda de uma sobrinha e de uma enfermeira em tempo parcial, continuasse a morar sozinha e a manter uma vida semi-independente. Contudo, sua dieta era pobre — vivia "de chá com torradas", segundo a sobrinha. E agora estava ficando confusa, com incontinência. Precisava dos cuidados de um lar para idosos.

Não parecia ter sofrido nenhum AVC ou convulsão, e o diagnóstico, por default, foi de "senilidade" ou SDAT (sigla em inglês de demência senil do tipo de Alzheimer, como era chamada na época), uma condição progressiva e incurável. Fora isso, não se encontrou nenhuma anormalidade em sua avaliação neurológica geral, e os exames de sangue de rotina se mostraram dentro dos limites normais. No entanto, quando soube de sua dieta de chá com torradas, tive uma suspeita e pedi um exame que na época não era habitual: uma avaliação do nível de vitamina B12 no soro sanguíneo. A faixa de normalidade é entre 250 e 1000 unidades, mas o nível de Theresa estava em apenas 45.

Essa condição — anemia perniciosa — pode decorrer de um distúrbio autoimune, porém é mais comum que resulte de uma dieta vegetariana. No passado, o tratamento clássico para esse tipo de anemia eram injeções de extrato de fígado, pois nos anos 1920 observou-se que a ingestão de alimentos de origem animal, em especial fígado, podia prevenir, deter ou reverter essa doença, que se supunha ser causada por deficiência — embora não se conhecesse o fator especial que tornava a carne, e sobretudo o fígado, tão eficaz. (George Bernard Shaw, vegetariano rigoroso, tomava injeções mensais de extrato de fígado e, com a ajuda delas, conseguiu viver até os 94 anos, ativo e criativo até o fim.) As repetidas tentativas de extrair o princípio antianemia no fígado tiveram êxito em 1948 — logo depois, quando eu estava com quinze anos, fizemos uma visita escolar ao laboratório onde esse princípio fora extraído e concentrado (quase como o rádio fora extraído da pechblenda). Ensinaram-nos que o princípio era a vitamina B12, ou cianocobalamina, um composto orgânico complexo com um átomo de cobalto no centro; ele tinha a bela cor rosa-avermelhada característica dos sais de cobalto inorgânicos simples. Essa descoberta possibilitou testar os níveis de B12 no sangue dos pacientes e tratá-los, se necessário, com "a vitamina vermelha".[1]

Kinnier Wilson, um neurologista de conhecimentos enciclopédicos, observara no começo do século xx que a anemia perniciosa podia causar *apenas* demência ou psicose, sem ser acompanhada de anemia ou de qualquer neuropatia ou degeneração da medula espinhal — e que essa demência ou psicose podia ser revertida, em grande medida, por injeções de fígado, em contraste com as mudanças estruturais irreversíveis que podem ocorrer na medula espinhal quando a causa é um distúrbio autoimune.[2]

Seria o caso da minha paciente? Será que sua demência poderia regredir se lhe déssemos vitamina B12? Para nossa alegria e espanto (pois pensávamos que ela poderia ter doença de Alzheimer *além* de deficiência de B12), ela começou a melhorar com injeções semanais da vitamina. Recuperou sua fluência e memória, começou a ir à biblioteca do hospital todos os dias,

---

[1] Só nos anos 1970 passou a ser possível *sintetizar* a B12 — um grande feito da química sintética.

[2] O grande psicanalista Sándor Ferenczi começou a desenvolver algumas ideias insólitas no começo dos anos 1930 — por exemplo, que os analistas deviam deitar-se no divã *ao lado* do paciente. Tais ideias, embora um tanto heréticas, de início foram vistas como expressões de sua notável originalidade de pensamento; porém, conforme foram se tornando cada vez mais estapafúrdias, evidenciou-se que Ferenczi tinha uma psicose orgânica, a qual se revelou associada a anemia perniciosa.

primeiro para ler jornais e revistas, depois para retirar livros, romances e biografias — suas primeiras leituras de verdade em cinco anos. Também voltou a fazer as palavras cruzadas em que fora viciada. Após seis meses de injeções, ela estava totalmente recuperada e era capaz de cuidar de sua vida e de seus assuntos pessoais. A essa altura ela quis ter alta, voltar a morar em sua casa.

Concordamos, porém a alertamos para ter uma alimentação adequada, fazer o monitoramento periódico de seus níveis de B12 e tomar injeções caso necessário.

Dois anos depois de ter alta, Theresa, com 97 anos, passava bem, mas ainda precisava de injeções de B12. Isso ocorre com muitos idosos, independentemente da alimentação, pois com frequência seus níveis de ácido gástrico tendem a ser baixos — o que pode ser agravado por medicamentos, como os inibidores da bomba de próton muitas vezes prescritos para refluxo ácido, que podem impedir por completo a secreção de ácido gástrico.

Theresa foi a primeira, e depois dela encontrei em vários idosos casos similares de confusão e demência decorrentes de deficiência de vitamina B12, nem todos reversíveis. Mas Theresa teve sorte. "A vitamina vermelha salvou minha vida", ela disse.

DIZER

Mesmo antes de estudar medicina, aprendi com meus pais, ambos médicos, uma verdade essencial da profissão: muito mais do que fazer diagnósticos e prescrever tratamentos, ela implica algumas das decisões mais íntimas da vida do paciente. Isso requer muita delicadeza e discernimento sobre o ser humano, tanto quanto discernimento e conhecimento da medicina. Na presença de uma condição grave, que talvez seja fatal ou altere toda a vida de alguém, o que devemos dizer, e quando? Como devemos dizer ao paciente? *Devemos* dizer ao paciente? Toda situação é complexa, mas a maioria dos pacientes quer saber a verdade, por mais terrível que seja. Contudo, eles querem que ela seja comunicada com tato — se não com indicações de esperança, pelo menos com uma noção de como a vida que lhes resta pode ser o mais digna e satisfatória possível.

E essa comunicação alcança uma nova ordem de complexidade quando um paciente tem demência, pois isso indica uma sentença não só de morte, mas de declínio e confusão mental e, finalmente, em certo grau, de perda do eu.

O caso do dr. M. se mostrou complexo e trágico. Ele fora diretor médico no hospital onde eu trabalhava e se aposentara com a idade obrigatória, setenta anos. Uma década depois, em 1982, voltou, dessa vez como paciente com doença de Alzheimer em fase moderada. Começara a ter dificuldades sérias com a memória recente, e sua mulher relatou que ele com frequência se mostrava confuso e desorientado, às vezes agitado e grosseiro.

Ela e os médicos tinham esperança de que interná-lo no hospital onde ele havia trabalhado, num ambiente e com pessoas que ele talvez achasse familiares, tivesse um efeito tranquilizador e organizador. Eu e algumas das enfermeiras que haviam trabalhado com o dr. M. ficamos horrorizados ao ouvir isso — primeiro, saber que meu ex-chefe agora tinha demência e, depois, que seria internado bem no hospital em que ele antes mandava como diretor. Seria horrivelmente humilhante, pensei, quase sádico.

Um ano depois da internação, resumi seu estado em seu prontuário:

> Tenho a melancólica tarefa de atender meu amigo e ex-colega que agora atravessa esse período terrível. Ele foi internado aqui um ano atrás com diagnóstico [...] de doença de Alzheimer e demência multi-infarto. [...]
>
> As primeiras semanas e meses foram difíceis ao extremo. O dr. M. apresentou "impulsividade" e agitação incessantes, e para acalmá-lo prescrevemos fenotiazinas e Haldol. Os efeitos dessas medicações, mesmo em doses muito pequenas, foram letargia pronunciada e parkinsonismo — ele perdeu peso, sofreu quedas frequentes, tornou-se caquético e parecia terminal. Com a suspensão dos medicamentos, recobrou a saúde física e a energia — ele caminha e conversa livremente, mas requer acompanhamento constante (pois sai andando sem rumo, é errático e imprevisível ao extremo). Seu humor e estado mental sofrem variações notáveis — ele tem momentos (ou minutos) "de lucidez", quando volta à antiga personalidade formal e afável, mas na maior parte do tempo vive perdido em desorientação e agitação acentuadas. Sem dúvida a relação com um acompanhante dedicado é benéfica — e o melhor que podemos fazer. Porém, infelizmente, ele é impulsivo e perturbado [na maior parte do tempo].
>
> É difícil saber quanto ele "se dá conta", e isso varia demais, quase de segundo a segundo.
>
> Ele gosta de vir à clínica e tagarelar sobre "os velhos tempos" com [as enfermeiras]. Aqui, fazendo isso, ele parece mais à vontade [...] e nesses momentos pode demonstrar espantosa coerência, sendo capaz de escrever (inclusive prescrições!).

Nos momentos em que o dr. M. encarnava seu antigo papel de diretor de hospital, a transformação era incrivelmente completa, ainda que breve. Acontecia tão depressa que nenhum de nós sabia muito bem como reagir, como lidar com aquela situação sem precedentes. No entanto, notei que eram raros esses interlúdios em sua vida frenética e impulsiva. Anotei no prontuário:

Ele está sempre "elétrico", e na maior parte do tempo parece imaginar que ainda é médico aqui; fala com outros pacientes não como um colega, mas como um médico falaria, e, se não for impedido, examina os prontuários deles.

Certa ocasião ele viu seu próprio prontuário, disse: "Charles M. — sou eu", abriu-o, leu "doença de Alzheimer", exclamou "Deus me ajude!" e chorou.

Às vezes ele brada: "Quero morrer... me deixem morrer".

Às vezes não reconhece o dr. Schwartz, outras o chama carinhosamente de "Walter". Tive uma experiência bem parecida hoje de manhã: quando o trouxeram [ao meu consultório], ele estava muito agitado e impulsivo, não quis sentar, não deixou que eu falasse com ele [nem] que o examinasse. Alguns minutos depois, cruzei com ele no corredor por acaso; ele me reconheceu no mesmo instante (creio que se esquecera de ter me visto minutos antes), me chamou pelo nome, disse: "Ele é o melhor!", e pediu que eu o ajudasse.

Outro paciente, o sr. Q. (com demência menos pronunciada que a do dr. M.), residia num asilo mantido pela congregação católica Little Sisters of the Poor [Irmãzinhas dos Pobres], onde eu atendia com frequência. Por muitos anos o sr. Q. havia sido zelador em um colégio interno, e agora tinha ido parar num estabelecimento parecido: um prédio institucional com mobília institucional e muita gente entrando e saindo, sobretudo durante o dia, algumas com autoridade e vestidas de acordo com sua categoria, outras subordinadas àquelas; havia também um cronograma rigoroso, com horários fixos para comer, acordar e dormir. Por isso, talvez não surpreendesse que o sr. Q. imaginasse ser ainda um zelador, estar ainda na escola (ainda que bem alterada). Se os alunos eram idosos e alguns deles estavam acamados, e se as professoras usavam um hábito religioso, esses eram meros detalhes — ele nunca prestara atenção em assuntos administrativos.

Ele tinha seu trabalho: verificava se as janelas e portas estavam trancadas à noite, inspecionava a lavanderia e a sala da caldeira para ver se tudo estava funcionando bem. As freiras que mantinham o estabelecimento, embora percebessem a confusão e o delírio dele, respeitavam e até reforçavam a identidade daquele interno um tanto demente — se a tirassem dele, pensavam, o paciente poderia sucumbir. Assim, davam corda para sua ocupação de zelador, entregavam-lhe as chaves de certos armários e lhe pediam para trancá-los antes de ir se deitar à noite. Ele andava com um molho de chaves tilintante na cintura — a insígnia de seu cargo, sua identificação oficial. Inspecionava a cozinha para assegurar que o gás e os fogões estivessem todos desligados e que nenhum alimento perecível tivesse sido esquecido fora da geladeira. E, embora sua demência se agravasse devagar com os anos, aquele seu papel, as várias tarefas de verificar, limpar e manter que executava durante o dia, pareciam mantê-lo notavelmente organizado e centrado. O sr. Q. morreu de um súbito ataque cardíaco sem jamais ter percebido que não era mais um zelador, com toda uma vida de serviço leal atrás de si.

Devíamos ter dito ao sr. Q. que ele não era mais um zelador e sim um paciente em declínio e demente em um asilo? Devíamos ter tirado dele sua identidade habitual e bem ensaiada e a substituído por uma "realidade" que, embora real para nós, não teria sentido para ele? Fazer isso parecia não só despropositado, mas também cruel — e talvez apressasse o seu declínio.

O CÉREBRO IDOSO

Tendo trabalhado por quase cinquenta anos como neurologista em asilos de idosos e hospitais de doentes crônicos, atendi milhares de pacientes em idade avançada com doença de Alzheimer e outras demências, e o que mais me impressiona é a imensa diversidade de apresentações clínicas, ainda que a maioria desses pacientes sofra de processos patologicamente semelhantes em suas doenças. Vemos um conjunto caleidoscópico de sintomas e disfunções que nunca são exatamente os mesmos quando comparamos duas pessoas quaisquer. As disfunções neurológicas interagem com tudo aquilo que é particular e único em cada indivíduo: suas forças e fraquezas preexistentes, capacidades intelectuais, habilidades, experiência de vida, caráter, estilo e também situações de vida.

A doença de Alzheimer pode se apresentar logo de início como uma síndrome completa, porém é mais frequente que comece com sintomas isolados, tão focais que no princípio podemos suspeitar que se trata de um pequeno AVC ou tumor; só mais tarde a natureza generalizada da doença se evidencia (por isso é comum que não se faça o diagnóstico de Alzheimer logo que a doença se manifesta). Os primeiros sintomas, quer apareçam isolados, quer em conjunto, costumam ser leves. Podem ocorrer problemas sutis de linguagem ou de memória, por exemplo, dificuldade de lembrar nomes próprios; problemas perceptuais, como ilusões ou percepções equivocadas momentâneas; ou problemas intelectuais, como dificuldade de entender piadas ou acompanhar argumentos. Porém, de modo geral, as primeiras funções afetadas são as que evoluíram mais recentemente: as funções de associação complexas.

Nesses primeiros estágios, as disfunções tendem a ser inconstantes e momentâneas (como atestam as alterações eletroencefalográficas nesse período: às vezes temos de examinar registros de eletroencefalograma feitos ao longo de uma hora para encontrar um segundo de anormalidade). No entanto, logo ocorrem distúrbios mais evidentes de cognição, memória, comportamento, discernimento e desorientação espacial e temporal, e por fim tudo isso coalesce com uma demência global profunda. Conforme a doença avança, é frequente o aparecimento de distúrbios sensitivos e motores junto com espasticidade e rigidez, mioclonia, às vezes convulsões e parkinsonismo. Algumas pessoas apresentam mudanças de personalidade perturbadoras e até comportamento violento. Por fim, pode quase não haver respostas acima de um nível de reflexo no tronco encefálico. Nessa doença devastadora, podemos encontrar todos os distúrbios corticais possíveis (e um bom número de distúrbios subcorticais), muito embora as vias pelas quais a doença progride se difiram muito de pessoa para pessoa.

Cedo ou tarde, os pacientes perdem a capacidade de comunicar sua condição, de comunicar-se de qualquer forma, exceto quando um tom de voz, um toque ou uma música conseguem tocá-los brevemente. Por fim, até isso deixa de ser possível, e a condição passa a ser de perda total da consciência, da função cortical do eu — de morte psíquica.[1]

Dada a multiformidade dos sintomas de demência, podemos ver por que testes padronizados, embora úteis para uma triagem

---

[1] Cuidar de uma pessoa, em especial se ela já estiver com demência acentuada e seu declínio for inexorável, pode envolver esforços físicos exaustivos, além de uma sensibilidade constante, quase telepática para o que está ocorrendo em uma mente cada vez menos capaz de comunicar seus pensamentos, de *ter* pensamentos claros. As pessoas com demência podem ser aterradoramente confusas e desorientadas. Um fardo como esse pode fazer o cuidador adoecer. Vejo isso com muita frequência — às vezes um marido ou uma esposa idosos sacrificam a própria saúde e morrem antes da pessoa amada incapacitada da qual estavam cuidando; por isso, a ajuda externa se faz crucial.

dos pacientes e para delinear populações em estudos genéticos ou testes de medicamentos, não dão uma boa ideia de como a doença é de fato, como o paciente acometido pode se adaptar e reagir ou como pode ocasionalmente ser ajudado ou até mesmo ajudar a si mesmo.

Uma paciente minha, logo no início da doença, de repente constatou que não conseguia mais saber a hora quando olhava para o relógio. Via a posição dos ponteiros com clareza, mas não sabia interpretá-la; por uma fração de segundo, eles não faziam sentido, e então, também repentinamente, passavam a fazer. Essas breves agnosias visuais agravaram-se rapidamente: os períodos ininteligíveis prolongaram-se para segundos, depois minutos, e logo os ponteiros do relógio não faziam mais sentido o tempo todo. A paciente ficou mortificada com a percepção aguda dessa deterioração, sentiu um horror genuíno do processo de Alzheimer que a esperava. No entanto, foi ela mesma quem deu a sugestão terapêutica crucial: por que não usar um relógio digital e ter relógios digitais por toda parte? Ela tomou essa providência e, embora sua agnosia e outros problemas continuassem a se agravar, permaneceu capaz de dizer a hora e organizar seu dia por mais três meses.

Outra paciente, que gostava de cozinhar e ainda tinha capacidades cognitivas gerais muito boas, descobriu que não conseguia mais comparar o volume de líquidos em recipientes distintos; um litro de leite já não parecia o mesmo quando era despejado de um jarro em uma panela, e com isso começaram a ocorrer erros absurdos. A paciente, ex-psicóloga, reconheceu pesarosa que se tratava de um erro piagetiano, uma perda da noção da constância volumétrica que adquirimos na infância. No entanto, usando recipientes graduados e xícaras medidoras, ela foi capaz de compensar o problema e continuar ativa na cozinha com segurança.

Pacientes assim podem ter desempenho ruim em testes formais, mas mesmo assim são capazes de descrever com exatidão, clareza, vividez, correção e humor como se prepara uma alcachofra ou um bolo; podem cantar uma música, contar uma história, representar um papel em uma peça, tocar violino ou pintar um quadro com notavelmente pouca deficiência. É como se tivessem perdido certos modos de pensamento enquanto conservam outros na íntegra.

Às vezes se diz que as pessoas com doença de Alzheimer não se dão conta de suas deficiências, que perdem o discernimento logo de cara. Embora isso possa ser verdade em alguns casos (por exemplo, quando a doença é do tipo que começa pelo lobo frontal), na minha experiência é mais comum que os pacientes percebam sua condição quando ela se manifesta. Thomas DeBaggio, escritor e horticultor, foi até capaz de publicar dois relatos biográficos muito perspicazes sobre seu Alzheimer precoce antes que a doença o matasse, aos 69 anos. Mas a maioria dos pacientes sente medo ou vergonha ao saber o que acontece com eles. Alguns continuam apavorados à medida que vão perdendo suas competências intelectuais e seu rumo e se veem num mundo cada vez mais fragmentado e caótico. Porém, a meu ver, a maioria se acalma com o passar do tempo, talvez conforme comece a desaparecer a noção do que foi perdido e eles se vejam num mundo mais simples, no qual não há reflexão. Pode parecer que eles regrediram intelectualmente (embora seja preciso cautela com esse tipo de formulação) e voltaram a ser crianças, restritos a um modo de pensamento narrativo. Kurt Goldstein, neurologista e psiquiatra, diria que eles perderam não só as capacidades abstratas, mas também a "atitude" abstrata — que agora estão em uma forma inferior, mais concreta, de consciência ou de ser.

Para o grande neurologista inglês Hughlings Jackson, nunca havia apenas déficits com dano neurológico, mas sintomas "hiperfisiológicos" ou "positivos", "liberações" ou exageros de funções neurais normalmente reprimidas ou inibidas. Ele falava em "dissolução", que caracterizava como regressão ou reversão a níveis mais arcaicos da função neural — o inverso de evolução.[2]

---

[2] Para Jackson, essa dissolução estava bem clara nos processos de sonho, delírio e insanidade, e seu vasto artigo "The Factors of Insanities", de 1894, é rico em fascinantes observações e vislumbres esclarecedores sobre esse aspecto.

Embora hoje não possamos manter de modo tão simplista essa noção sobre a dissolução no sistema nervoso como uma evolução às avessas, de fato vemos algumas regressões comportamentais ou liberações notáveis em doenças corticais difusas como o Alzheimer. Vejo muitos pacientes com demência avançada que apresentam comportamentos de procurar, catar e pentear — todo um conjunto de comportamentos primitivos de alocatação (*grooming*) que não são vistos no desenvolvimento humano normal, porém sugerem uma possível reversão filogenética a um nível primata pré-humano. Nos estágios finais de demência, quando não há mais nenhum comportamento organizado, podemos notar reflexos em geral encontrados apenas em recém-nascidos, incluindo agarrar, fazer bico ou sugar, e reflexos de Moro.

Também vemos regressões comportamentais em um nível mais humano que são notáveis (e às vezes tocantes). Tive uma paciente — uma senhora de cem anos em estágio de demência avançado, incoerente, perturbada e agitada a maior parte do tempo — que, quando lhe davam uma boneca, tornava-se na mesma hora focada e atenta, levava a boneca ao seio como se a amamentasse, embalava-a, abraçava-a e cantarolava para ela. Enquanto estava ocupada nesse comportamento maternal, ela se mostrava perfeitamente calma; assim que ele cessava, ela voltava a ser agitada e incoerente.

A sensação de que tudo está perdido com um diagnóstico de doença de Alzheimer é muito comum entre neurologistas, assim como entre os pacientes e suas famílias. Isso pode ensejar uma noção prematura de impotência e condenação, mas na verdade os mais diversos tipos de função neurológica (inclusive muitas que podem ser úteis ao eu) parecem ter uma capacidade extraordinária de resistir mesmo à disfunção neuronal difusa.

Em princípios do século xx, os neurologistas começaram a prestar mais atenção não apenas aos sintomas primários de doença neurológica, mas também às compensações e adaptações a ela. Kurt Goldstein, que estudou soldados com dano cerebral durante a Primeira Guerra Mundial, mudou seu ponto de vista, baseado em déficits, para uma perspectiva mais holística, baseada no organismo. Goldstein supunha que nunca havia apenas déficits ou liberações; sempre estavam presentes reorganizações, que ele via como estratégias (ainda que inconscientes e quase automáticas) que o organismo de cérebro danificado usava para sobreviver, embora talvez de um modo mais rígido e empobrecido.

Ivy Mackenzie, médico escocês que trabalhava com pacientes pós-encefalíticos, descreveu os efeitos remotos — "subversões", compensações e adaptações — que acompanham o insulto primário. No estudo desses efeitos, vê-se "um caos organizado", ele escreveu — modos como o organismo, o cérebro, lida com suas dificuldades, se restabelece em outros níveis. Em suas palavras, "o médico, em contraste com o naturalista, ocupa-se de um único organismo, o sujeito humano, procurando preservar-lhe a identidade em circunstâncias adversas".

Esse tema, a preservação da identidade, é bem exposto por Donna Cohen e Carl Eisdorfer em seu primoroso livro *The Loss of Self* [A perda do eu], que se baseia em estudos meticulosos de alguns pacientes com Alzheimer. O título talvez seja enganoso, pois o que vemos na doença não é perda (a não ser quando bem avançada), e sim surpreendentes preservações e transformações, e é isso que Cohen e Eisdorfer mostram.[3]

Pessoas com Alzheimer podem permanecer muito humanas, com diversas características pessoais, capazes de emoção e relacionamentos normais até estágios bem avançados. (Paradoxalmente, essa preservação do eu pode ser fonte de angústia para o paciente ou sua família quando veem a dolorosa erosão em outros aspectos.)

A preservação relativa do que é pessoal permite um grande conjunto de atividades de apoio ou terapêuticas que tem em comum a abordagem ou evocação do que é pessoal. Serviços

---

[3] Quando Henry James estava morrendo com pneumonia e febre alta, ele começou a delirar; dizem, como escrevi em *A mente assombrada*, que, embora o mestre estivesse delirante, seu estilo era "puro James", e mesmo o "James mais recente".

religiosos, teatro, música e arte, jardinagem, culinária ou outros hobbies podem ancorar pacientes, a despeito de suas desintegrações, e restaurar temporariamente um foco, uma ilha de identidade. Melodias, poemas ou histórias bem conhecidas ainda podem ser reconhecidas e suscitar reações apesar do avanço da doença — uma resposta que pode evocar ricas associações e trazer de volta, por algum tempo, algumas das memórias e sentimentos do paciente, bem como suas capacidades e seus mundos de outrora. Isso pode propiciar um "despertar" e uma plenitude de vida ao menos temporária a pacientes que de outro modo talvez fossem menosprezados ou ignorados, mantidos numa situação de perplexidade e vazio, sujeitos a perder o rumo ou a ter, a qualquer momento, inimagináveis reações catastróficas (um termo de Goldstein) de pânico e confusão.

A corporificação neural do eu parece ser extremamente robusta. Cada percepção, cada ação, cada pensamento, cada expressão vocal parece trazer a marca da experiência do indivíduo, de seu sistema de valores, de tudo que lhe é próprio. Na teoria da seleção de grupos neuronais de Gerald Edelman (e também no trabalho de Esther Thelen sobre o desenvolvimento da cognição e ação em crianças), encontramos uma explicação valiosa de como a conectividade neuronal pode ser determinada, literalmente moldada, pela experiência, pelos pensamentos e pelas ações do indivíduo, tanto quanto por tudo aquilo que é inato e biológico. Se a experiência e a seleção experiencial do indivíduo determinam assim o cérebro em desenvolvimento, talvez não deva surpreender que se preserve por tanto tempo a individualidade, o eu, mesmo em face de dano neurológico difuso.

Envelhecimento não implica necessariamente doença neurológica, é claro. Trabalho em lares para idosos onde as pessoas são admitidas pelos mais diversos problemas (doenças cardíacas, artrite, cegueira, às vezes apenas solidão e desejo de viver em comunidade), e vejo muitas em idade bem avançada que, até onde posso avaliar, estão intactas do ponto de vista neurológico e intelectual. Aliás, vários dos meus pacientes são centenários animados e intelectualmente ativos que, em sua 11ª década de existência, conservam o gosto pela vida, por seus interesses e suas faculdades. Uma mulher, internada aos 109 anos com diminuição da visão, quis ter alta depois que foi operada de catarata, e voltou para casa e para uma vida independente. ("Por que eu deveria ficar aqui com todos esses velhos?", ela perguntou.) Mesmo em um hospital para doenças crônicas, há uma parcela considerável de pacientes que podem viver até um século ou mais sem declínio intelectual significativo, e essa proporção há de ser consideravelmente maior na população em geral.

Portanto, não devemos nos preocupar apenas com a ausência de doença ou a preservação de função, e sim com o potencial de se desenvolver o tempo todo ao longo de toda a vida. A função cerebral não é como a função cardíaca ou a renal, que ocorrem de modo autônomo, quase mecânico, de maneira razoavelmente uniforme por toda a vida. O cérebro/mente, em contraste, nada tem de automático, pois está sempre procurando, em todos os níveis, do perceptual ao filosófico, categorizar e recategorizar o mundo, compreender e atribuir significado a sua experiência. Por natureza, na vida real a experiência não é uniforme; ela muda e nos desafia sempre, e requer cada vez mais uma integração abrangente. Para o cérebro/mente, não basta manter um funcionamento mecânico, uma função uniforme (como o coração); ele precisa se aventurar e avançar durante a vida toda. O próprio conceito de saúde ou bem-estar requer uma definição especial em relação ao cérebro.

Temos de fazer uma distinção entre longevidade e vitalidade no paciente idoso. A robustez constitucional e a boa sorte podem contribuir para uma vida longa e sadia. Conheço cinco irmãos nonagenários ou centenários que aparentam, todos eles, menos idade. Têm físico, impulsos sexuais e comportamentos de pessoas muito mais jovens. No entanto, é possível que, numa idade nem muito avançada, seres humanos sejam sadios do ponto de vista físico e neurológico, mas psiquicamente esgotados. Para que o cérebro se mantenha sadio, ele precisa permanecer ativo, fascinar-se, divertir-se, explorar e experimentar até o fim. Tais atividades ou disposições podem não aparecer em exames de imagens funcionais do cérebro, ou mesmo em testes neuropsicológicos, porém são essenciais para definir a saúde do cérebro e permitir que ele se desenvolva ao longo de toda a vida. Isso fica claro no modelo neurobiológico de Edelman, que concebe o cérebro/mente como incessantemente ativo, categorizando e recategorizando suas atividades ao longo de toda a vida, construindo interpretações e significados em níveis cada vez mais elevados.

Esse modelo neurobiológico condiz com o que Erik e Joan Erikson passaram a vida estudando: estágios universais relacionados à idade que parecem ocorrer em todas as culturas. Quando os próprios Erikson chegaram aos noventa, acrescentaram um estágio aos oito que haviam descrito. Esse último estágio é bem reconhecido e respeitado em muitas sociedades (embora a nossa às vezes o esqueça). Trata-se do estágio apropriado à velhice; e nele a solução ou estratégia a ser alcançada é o que os Erikson chamam de sabedoria ou integridade.

A conquista, nesse estágio, envolve a integração de grandes volumes de informação, a síntese da experiência de uma vida longa combinada ao prolongamento e à expansão das perspectivas do indivíduo, e uma espécie de desapego ou calma. É um processo totalmente individual. Não pode ser prescrito nem ensinado, tampouco tem relação direta com educação, inteligência ou talentos específicos. "Não nos podem ensinar sabedoria", diz Proust, "temos de descobri-la por nós mesmos em uma jornada que ninguém pode fazer por nós, em um esforço do qual ninguém pode nos poupar."

Serão esses estágios puramente existenciais ou culturais — os comportamentos, as perspectivas apropriadas a várias idades e estágios — ou também terão alguma base neural específica? Sabemos que aprender é possível ao longo de toda a existência, inclusive na presença de envelhecimento ou doença cerebral, e podemos ter certeza de que outros processos, em um nível muito mais profundo, também continuam — uma culminância das generalizações e integrações cada vez mais amplas e profundas que ocorrem no cérebro/mente a vida inteira.

No século XIX, quando uma mente poderosa ainda podia

propor-se a estudar toda a natureza, o grande naturalista Alexander von Humboldt, depois de toda uma vida de viagens e estudos científicos, aventurou-se, em meados da casa dos setenta anos, por uma grandiosa visão sintética do universo, reunindo tudo o que tinha visto e pensado em uma obra final, *Cosmos*. Tinha avançado consideravelmente no quinto volume quando morreu, aos 89 anos. Em nossa época, quando até mesmo as mentes de maior alcance precisam estreitar seu foco, o biólogo evolucionário Ernst Mayr* nos deu há pouco tempo, em seu 93º ano de vida, a obra *Isto é biologia*, um esplêndido livro sobre a ascensão e o escopo dessa ciência, combinando a amplitude permitida por uma vida inteira como pensador com o ávido imediatismo do menino que observava pássaros cerca de oitenta anos antes. Essa paixão, Mayr escreve, é o segredo da vitalidade na idade avançada:

> O ingrediente mais importante [para um biólogo] é a fascinação diante das maravilhas das criaturas vivas. E isso permanece com a maioria dos biólogos para o resto da vida. Eles nunca perdem a empolgação com a descoberta científica [...] nem o amor pela perseguição de novas ideias, novos vislumbres, novos organismos.

Se tivermos a sorte de chegar com saúde a uma idade avançada, essa fascinação pode nos manter empolgados e produtivos até o fim.

---

* Nascido em 1904, o biólogo alemão Ernst Mayr morreu em 2005. (N. E.)

KURU

Em 1997, atendi em Nova York uma paciente de 87 anos que fora fisicamente ativa, intelectualmente intacta e aparentemente saudável até o começo daquele ano. No entanto, nos últimos dias de janeiro ela foi tomada por uma estranha inquietude e, depois, agitação — "está acontecendo alguma coisa terrível comigo", ela disse. Tinha dificuldade para pegar no sono: rostos fantasmagóricos povoavam as cortinas e os cantos do quarto, e o curto período em que ela conseguia dormir era entrecortado por sonhos vívidos. No quinto dia começaram a ocorrer períodos de confusão e desorientação. Suspeitaram de algum problema de saúde — uma infecção urinária ou torácica, algum distúrbio tóxico ou metabólico —, mas seu médico não constatou febre nem anormalidades no sangue ou na urina. As tomografias do cérebro pareciam normais. Consultaram um psiquiatra — a depressão em idosos às vezes se manifesta como confusão, mas essa hipótese ficou insustentável à medida que a confusão inicial se agravou no decorrer de dias.

Em meados de fevereiro, contrações mioclônicas dos músculos passaram a convulsionar membros, abdome e rosto. Sua fala foi perdendo coerência e inteligibilidade a cada dia, e ela foi dominada por crescente espasticidade. Na terceira semana da doença, ela já não reconhecia os filhos.

No final do mês, a paciente começou a alternar entre estados de sono similares ao estupor e delírios com inquietude e espasmos, durante os quais um leve toque podia provocar contrações violentas em todo o corpo. Ela morreu em 11 de março, emaciada, rígida, em coma, menos de seis semanas após o início dos primeiros sintomas. Enviamos uma amostra de seu tecido cerebral para o patologista, pois era grande a possibilidade de ela ter tido a doença de Creutzfeldt-Jakob (DCJ). O patologista mostrou-se visivelmente preocupado: nenhum médico fica tranquilo ao lidar com tecidos suspeitos dessa doença. Os neurologistas encontram doenças incontroláveis o tempo todo, mas esse caso me desconcertou em um grau extraordinário por sua evolução clínica devastadora, a destruição quase visível do cérebro de um dia para outro, os tremendos espasmos mioclônicos do corpo e nossa clara incapacidade de fazer alguma coisa pela paciente.

A DCJ é rara — com incidência aproximada de 1 em 1 milhão por ano — e eu me deparara com ela apenas uma vez, em 1964, durante minha residência em neurologia. Aquele paciente desafortunado nos foi apresentado como um caso de doença cerebral degenerativa extremamente incomum. Foram descritas as características usuais da doença: demência de avanço rápido, contrações mioclônicas súbitas e velozes dos músculos, eletroencefalograma com singular aparência "periódica". Haviam nos ensinado que essa era a tríade diagnóstica para a DCJ. Apenas cerca de vinte casos haviam sido relatados desde a descrição original que Creutzfeldt e Jakob fizeram em 1920, e nós nos emocionamos por encontrar aquela raridade neurológica. Na época, a neurologia ainda era em grande medida descritiva, quase ornitológica, e essa doença era vista como uma ave rara, bem como a doença de Hallervorden-Spatz, a síndrome de Unverricht-Lundborg e outras raridades epônimas exóticas.

Não tínhamos, em 1964, a menor ideia da natureza singular da DCJ, suas afinidades com outras doenças humanas ou animais, nem de que ela viria a ser o arquétipo, o epítome, de toda uma nova ordem de doenças. Nem nos passou pela cabeça que fosse infecciosa; inclusive, extraímos sangue e liquor daquele paciente como de qualquer outro, sem a menor preocupação nem noção de que uma eventual picada de agulha, o implante acidental de uma partícula de tecido poderia nos acarretar o mesmo destino daquele homem. Só em 1968 ficou demonstrado que a DCJ era transmissível.

Em 1957, o físico e etologista americano Carleton Gadjusek, jovem brilhante que já fizera um trabalho notável no estudo de "isolados" de doenças em várias partes do mundo, foi à Nova Guiné para investigar uma misteriosa doença neurológica que estava dizimando as aldeias do povo fore. A doença parecia afetar praticamente só mulheres e crianças, e ao que tudo indicava nunca havia ocorrido antes daquele século. Os fores a chamavam *"kuru"* e a atribuíam à feitiçaria. A evolução clínica do *kuru* consistia em deterioração neurológica rápida e implacável — quedas, cambaleios, paralisias e riso involuntário —, e culminava com a morte em poucos meses. O cérebro dos mortos apresentava alterações devastadoras; algumas áreas estavam reduzidas praticamente a uma esponja crivada de buracos. A causa dessa doença era um grande mistério; fatores genéticos, fatores tóxicos, agentes patogênicos comuns foram todos considerados e descartados. O estudo requereu trabalho original, boa parte dele nas difíceis condições de campo do oeste da Nova Guiné, até que Gadjusek associasse a doença à transmissão de um novo tipo de agente, capaz de permanecer latente por anos nos tecidos das pessoas afetadas sem causar sintomas e então, depois desse prolongado período de latência, dar início a um processo rapidamente fatal. Gadjusek usou o termo "vírus lento" para designar esse agente singular e demonstrou que ele fora disseminado entre os fores pela prática do canibalismo em ritos funerais (em específico, a ingestão de tecido cerebral afetado). Provou também que aquele agente podia causar uma doença semelhante quando administrado a chimpanzés e macacos. Por esse trabalho, Gadjusek recebeu o prêmio Nobel em 1976.

Richard Rhodes, em seu livro *Banquetes mortais*, de 1997, relatou a história do *kuru* com perspicácia psicológica e força dramática, revivendo os primórdios dessa investigação — uma época de medo, perplexidade, grande ambição e descoberta intelectual.

Com base em seu prelúdio na Nova Guiné, a crônica de Rhodes se desdobra por panoramas cada vez mais amplos, mostrando como foram trabalhosas as descobertas de ligações com outras doenças humanas e com várias doenças animais. Uma das muitas excelências do livro é sua descrição do importante papel que o acaso, a sorte e encontros fortuitos desempenham na esfera tão humana da ciência. Um golpe de sorte crucial ocorreu em 1959, quando o veterinário inglês William Hadlow viu uma exposição fotográfica — a "mostra de *kuru*" de Gadjusek — no Museu de História da Medicina Wellcome, em Londres. Hadlow notou no mesmo instante as similaridades do quadro clínico e patológico do *kuru* com o de uma doença fatal dos ovinos, a scrapie, que afetara rebanhos isolados na Inglaterra e em outras regiões a partir do começo do século xviii. (A doença fora endêmica na Europa Central antes disso e se propagara para os Estados Unidos em 1947.) E sabia-se que a scrapie, como Hadlow observou em uma carta à revista médica *The Lancet*, era transmissível. Por um breve período, Gadjusek havia cogitado em uma base infecciosa para o *kuru*, mas descartara a ideia; viu-se então forçado a reconsiderá-la — na verdade, deu-se conta de que a doença *só podia* ser infecciosa e que, quase com certeza, quaisquer doenças humanas similares o seriam também. Demonstrar isso experimentalmente exigiu anos de trabalho paciente e difícil que envolveu inocular tecido infectado por *kuru* e dcj em chimpanzés — um trabalho dificultado ainda mais pelos longos períodos de incubação da doença.

Todas essas doenças — *kuru*, dcj, scrapie e outras mais raras, como a insônia familiar fatal e a síndrome de Gertsmann--Sträussler-Scheinker — são inexoravelmente progressivas e muito rápidas para levar a óbito. Todas produzem devastadoras alterações espongiformes e cavitações no cérebro, por isso nos referimos ao coletivo delas como encefalopatias espongiformes transmissíveis, ou eets. Os agentes patogênicos são dificílimos de isolar, menores do que vírus e sinistramente capazes de sobreviver às condições mais drásticas, inclusive calor e pressão extremos, bem como a substâncias químicas como o formaldeído e a todos os procedimentos de esterilização usuais.

As bactérias são autônomas e se multiplicam por conta própria; os vírus se replicam usando seu material genético para subverter as células do hospedeiro — mas não há evidências de que os agentes das eets contenham rna ou dna. Então, como poderiam ser caracterizados e causar doenças? Gadjusek chamou esses agentes de "amiloides infecciosos". (Hoje são conhecidos como "príons", nome dado por Stanley Prusiner, que recebeu o prêmio Nobel por ter identificado essa nova classe de patógenos.) Mas se os príons não podiam se replicar como os vírus, então como se multiplicavam e se propagavam? Era preciso imaginar uma forma totalmente nova de processo patológico — uma que fosse análoga não à replicação biológica, e sim à cristalização química, na qual os minúsculos príons, que na verdade são formas desviantes, pregueadas, de uma proteína em geral presente no cérebro, atuam como "agentes nucleantes que estabelecem padrão" ou como centros de recristalização, causando transformações das proteínas cristalinas circundantes que se propagam com rapidez. Essa nucleação é vista na formação de padrões em gelo ou flocos de neve, e Kurt Vonnegut imaginou uma forma apocalíptica desse processo em *Cama de gato* — no romance, o mundo é liquidado por uma porção minúscula de uma substância que transforma toda a água em "gelo-nove", um material que não derrete.[1]

Os príons não nos infectam alojando-se em nós como invasores, e sim propiciando uma perturbação nas proteínas do nosso cérebro. É por isso que não ocorre reação inflamatória ou imune a eles, pois o sistema imunológico não percebe como estranhas nossas proteínas, sejam elas normais ou anormais. É a impotência do organismo diante de sua própria subversão, aliada à quase indestrutibilidade dos príons, que faz das EETS talvez as doenças mais letais do planeta. Embora elas sejam raríssimas na natureza, surgindo apenas de uma transformação estocástica muito ocasional de proteína cerebral (isso parece explicar a incidência notavelmente constante de 1 em 1 milhão de EETS esporádicas em todo o mundo a cada ano), práticas culturais

---

[1] No início os príons foram considerados vírus "vagarosos", depois "incondicionais"; porém, se formos classificá-los como "vírus" ou "vivos", precisaremos redefinir radicalmente o que entendemos por um e outro termo, já que os príons parecem pertencer, de vários modos, a um mundo puramente cristalino. (Gajdusek inclusive intitulou um de seus primeiros artigos de "Fantasia de um 'vírus' de um mundo inorgânico".)

— comer cérebros ou alimentar o gado com vísceras ou restos de animais abatidos — podem alterar radicalmente o quadro e causar uma transmissão galopante dessas doenças que, de outro modo, jamais ocorreria na natureza.

Muitos pensaram, no início, que o *kuru* nada mais era do que uma "curiosidade trágica", como disse Rhodes, limitada a uns poucos canibais da Idade da Pedra do outro lado do mundo. Mas Gadjusek desde o princípio asseverou a possibilidade de a doença ter uma importância muito mais ampla. Ele e seus colegas dos National Institutes of Health mostraram, em 1968, que a DCJ era uma encefalopatia espongiforme transmissível, como o *kuru*, e alertou que essa doença poderia ser transmitida acidentalmente em procedimentos cirúrgicos ou odontológicos. E foi isso o que aconteceu no começo dos anos 1970, depois de um transplante de córnea em um paciente e de neurocirurgias em outros (com instrumentos esterilizados em autoclave, mas ainda assim infectados).

Nos anos 1990, aumentou muito a incidência da doença, manifestada em pacientes que na infância haviam recebido hormônio de crescimento humano (extraído de glândulas pituitárias de cadáveres): de cerca de 11 600 pacientes que receberam o hormônio, pelo menos 86 tiveram DCJ. Felizmente, em meados dos anos 1980 o hormônio de crescimento sintético ficou disponível, prevenindo futuros desastres.

Mais ou menos na mesma época surgiu uma nova doença em bovinos na Grã-Bretanha; os animais passavam a agir de modo estranho, cambaleavam e morriam rápido. Os leigos apelidaram esse mal de "doença da vaca louca"; os cientistas referem-se a ele como encefalopatia espongiforme bovina, EEB. Os bovinos são vegetarianos por natureza, é claro, porém cada vez mais eles têm sido alimentados com uma ração altamente proteica com uma mistura de carne e farinha de osso, um subproduto de abatedouros que às vezes contém, entre outras coisas, vísceras de bovinos e ovinos doentes — e talvez inclua tecido cerebral de ovinos infectados por scrapie. Não sabemos se a ingestão canibalesca de cérebro de bovinos amplificou uma doença antes rara e esporádica (como ocorreu com o canibalismo do povo fore), ou se príons causadores de scrapie nas ovelhas transpuseram a barreira das espécies e infectaram bovinos. De qualquer modo, a disseminação de rações com carne e farinha de osso logo acarretou um desastre de grandes proporções.

Mais de uma dezena de jovens morreram de uma variante de DCJ em fins dos anos 1990 na Grã-Bretanha, e é provável que tenham contraído a doença ao comer produtos animais infectados. O quadro clínico nesses casos — mudanças comportamentais e falta de coordenação na fase inicial — lembrava mais o *kuru* do que a DCJ "clássica" (e isso se aplica também às alterações patológicas).

Contudo, o período de incubação pode ser de décadas, como se viu no caso do povo fore, e nos Estados Unidos e em outros lugares há muitas ocorrências de EETS em ovinos e visons, e também em alguns cervos e alces selvagens; além disso, persistiram as rações contendo carne e farinha de osso na alimentação de suínos, galináceos e bovinos. É possível, teoriza Gadjusek, que nenhuma fonte de alimento possa ser considerada segura contra infecção por agentes similares aos príons. Resíduos de carne, farinha de osso e subprodutos animais às vezes são utilizados até para fertilizar culturas vegetais orgânicas, enquanto gordura e gelatina animal são amplamente empregadas em alimentos, cosméticos e produtos farmacêuticos.

Hoje essas práticas são proibidas em vários países.

LOUCURA DE VERÃO

"Em 5 de julho de 1996, minha filha enlouqueceu", começa Michael Greenberg. Ele não perde tempo com preliminares: seu relato biográfico, *À espera do sol*, avança depressa, quase torrencialmente, a partir da frase inicial, acompanhando os acontecimentos que ele narra. O episódio de mania é súbito e explosivo: Sally, de quinze anos, filha dele, encontra-se em um estado alterado faz algumas semanas, ouvindo em seu walkman as *Variações Goldberg* no piano de Glenn Gould e absorta em um livro de sonetos de Shakespeare até de madrugada. Greenberg escreve:

> Abrindo o livro aleatoriamente, encontro um estonteante cruzamento de setas, definições e palavras circunscritas. O Soneto 13 parece uma página do Talmude, com as margens tão apinhadas de comentários que o texto original é apenas uma mancha no centro.

Sally também vem escrevendo poemas que lembram Sylvia Plath. Seu pai dá uma olhada neles disfarçadamente — são estranhos, ele pensa, mas não lhe ocorre que o estado de espírito ou as atividades da filha tenham qualquer coisa de patológico. A garota teve dificuldades de aprendizado desde bem nova, mas agora ela as vem superando, pela primeira vez encontra suas capacidades intelectuais. Tamanha exaltação é normal numa adolescente talentosa de quinze anos. Ou pelo menos é o que parece.

Mas nesse dia quente de julho, ela surta: discursa na rua, exige a atenção de estranhos, chacoalha-os e de repente sai correndo entre os carros, certa de que pode pará-los pelo poder de sua vontade. (Uma amiga, com reflexos rápidos, arranca-a do perigo bem a tempo.)

Em um rascunho não publicado de seu livro *Life Studies* [Estudos sobre a vida], Robert Lowell descreveu uma situação muito parecida em um episódio de "entusiasmo patológico":

> Na véspera de ser internado, saí correndo de noite pelas ruas de Bloomington, Indiana. [...] Acreditava ser capaz de parar os carros e paralisar sua potência; bastava ficar de braços abertos no meio da avenida.

Exultações e ações impulsivas não são incomuns no início de um episódio de mania.

Lowell teve uma visão do mal no mundo e, em seu "entusiasmo", dele próprio como o Espírito Santo. Sally, em certos aspectos, teve uma visão análoga de colapso moral, viu à sua volta a perda ou supressão da "genialidade" dada por Deus e a missão que cabia a ela, de ajudar todos a reaver aquele direito inato. Essa visão a impeliu a interpelar estranhos e a se comportar de modo estapafúrdio, como se possuidora de poderes especiais — foi isso que seus pais descobriram no dia seguinte, quando a questionaram:

> Ela teve uma visão. Foi há alguns dias, no playground da rua Bleecker, enquanto observava duas meninas que brincavam na passarela de madeira perto do escorregador. Vislumbrou, de súbito, a genialidade delas, uma genialidade inata e ilimitada de criança, e ao mesmo tempo se deu conta de que todos nós somos gênios, de que a própria ideia desse termo foi distorcida. A genialidade não é um golpe de sorte como querem nos fazer acreditar — não, ela é tão fundamental naquilo que somos quanto nosso senso de amor, de Deus. A genialidade é a infância. Ela nos é dada pelo Criador com a vida, e a sociedade a expulsa de nós antes de termos a chance de seguir os impulsos da nossa alma naturalmente criativa. [...]
>
> Sally comunicou sua visão às meninas no playground, que pareceram entender sem nenhum problema. Ela então saiu andando pela rua Bleecker e descobriu que sua vida tinha mudado. As flores na frente da doceria coreana, em seus vasos de plástico verde, as capas das revistas na banca de jornal, os prédios, os carros — tudo adquiriu uma nitidez maior do que qualquer coisa que ela já tivesse imaginado. A nitidez "do tempo presente", ela explicou. Uma pequena onda de energia se avolumou no

centro de seu ser. Ela podia ver a vida oculta nas coisas, seu brilho detalhado, a genialidade que se canalizara para fazê-las como eram. O mais nítido de tudo era a aflição no rosto das pessoas que passavam. Sally tentou lhes explicar sua visão, mas elas continuaram andando apressadas. E então Sally se deu conta: as pessoas já sabiam que eram geniais, isso não era nenhum segredo; a situação era muito pior: a genialidade delas fora suprimida, como ocorrera com a própria Sally. E o esforço gigantesco necessário para impedir que ela vazasse para a superfície e reafirmasse sua potência gloriosa em nossas vidas é a causa de todo o sofrimento humano. O sofrimento que Sally, com essa epifania, fora escolhida, dentre todas as pessoas, para curar.

Por mais impressionantes que sejam as novas crenças fervorosas de Sally, seu pai e sua madrasta estão ainda mais espantados com o modo de falar da garota:

> Pat e eu estamos pasmos, não só por aquilo que ela diz, mas ainda mais pelo modo como fala. Mal um pensamento sai galopante de sua boca e outro já o ultrapassa, produzindo um amontoado de palavras sem conexão, cada sentença cancelando a anterior antes que esta tenha a chance de emergir. Nossa pulsação se acelera, nos desdobramos para absorver o enorme volume de energia que jorra de seu corpo miúdo. Ela dá socos no ar, projeta o queixo [...] seu ímpeto de se comunicar é tão potente que a atormenta. Cada palavra é como uma toxina que ela precisa expelir do corpo.
> Quanto mais ela fala, mais incoerente se torna, e quanto mais incoerente se torna, mais urgente é sua necessidade de nos fazer entendê-la! Eu me sinto impotente olhando para ela. Mas também me sinto eletrizado por sua tremenda vivacidade.

Podemos chamar essa condição de mania, loucura ou psicose — um desequilíbrio químico no cérebro —, mas ela se apresenta como uma energia de tipo primordial. Greenberg a compara com "estar na presença de uma força rara da natureza, como uma grande nevasca ou inundação: destrutiva, mas a seu modo estarrecedora também". Essa energia desenfreada pode lembrar a criatividade, a inspiração ou a genialidade — é, de fato, o que Sally sente que a percorre: não uma doença, mas a apoteose da saúde, a liberação de um eu profundo, antes suprimido.

Esses são os paradoxos em torno do que o neurologista oitocentista Hughlings Jackson chamava de estados "superpositivos": eram sinais de distúrbio, desequilíbrio no sistema nervoso, mas sua energia, sua euforia, dá uma impressão de saúde suprema. Alguns pacientes podem ter uma percepção assustadora dessa verdade, como ocorreu com uma paciente minha, uma senhora muito idosa com neurossífilis. Já na casa dos noventa, ela se tornou cada vez mais vivaz, e então disse a si mesma: "Você está se sentindo bem demais, deve estar doente". George Elliot disse algo análogo: que se sentia "perigosamente bem" antes do início de seus ataques de enxaqueca.

A mania é uma condição biológica que dá a impressão de ser psicológica — um estado de espírito. Nesse sentido, lembra os efeitos de várias intoxicações. Encontrei casos assim, acentuados ao extremo, em alguns dos pacientes descritos em *Tempo de despertar* quando comecei a tratá-los com levodopa, uma droga que, no cérebro, converte-se no neurotransmissor dopamina. Leonard L., em especial, tornou-se acentuadamente maníaco com o tratamento. Ele escreveu na época: "Com levodopa no sangue, não existe nada no mundo que eu não seja capaz de fazer se quiser". Ele chamava a dopamina de "ressuscitamina", e começou a se ver como um messias: sentia que o mundo estava poluído de pecado e que ele fora escolhido para salvá-lo. E em dezenove dias e noites ininterruptos, quase sem dormir, datilografou uma autobiografia de 50 mil palavras. "É o remédio que estou tomando ou só meu novo estado de espírito?", escreveu outro paciente.

Se na cabeça de alguém que está sendo tratado existe incerteza quanto ao que é "físico" e o que é "mental", pode haver incerteza ainda maior quanto ao que é o eu ou o não eu — como ocorreu com minha paciente Frances D. À medida que a levodopa aumentava sua excitação, Frances foi sendo dominada por estranhos arrebatamentos e imagens que ela não conseguia descartar como totalmente estranhos ao seu "eu verdadeiro". Ela se perguntava: será que provinham de partes muito profundas, mas suprimidas, dela mesma? Contudo, em contraste com Sally, esses pacientes sabiam estar sob efeito de uma droga e podiam constatar à sua volta que efeitos semelhantes se manifestavam também em outros.

Para Sally, não havia precedente nem guia. Seus pais estavam tão desnorteados quanto ela — mais, na verdade, pois não tinham, como a filha, a segurança advinda da loucura. Seria alguma substância que ela estaria usando — LSD ou coisa pior? Ou, se não era isso, seria algo que eles lhe haviam legado em seus genes, ou alguma coisa horrível que teriam "feito" em uma fase crítica de seu desenvolvimento? Seria algo que ela sempre tivera, muito embora se desencadeara tão subitamente?

Essas foram as perguntas que meus pais também fizeram a si mesmos em 1943, quando meu irmão Michael, então com quinze anos, foi acometido por psicose aguda. Michael "via" mensagens em toda parte, sentia que seus pensamentos estavam sendo lidos ou transmitidos pelo rádio, explodia em risadinhas esquisitas e acreditava ter sido transladado para outro "reino". Como drogas alucinatórias eram raras nos anos 1940, meus pais, ambos médicos, se perguntaram se meu irmão não teria alguma doença causadora de psicose — talvez algum distúrbio na tireoide ou um tumor cerebral. Ele acabou recebendo o diagnóstico de psicose esquizofrênica. No caso de Sally, exames de sangue e físicos excluíram problemas tireoidianos, substâncias tóxicas ou tumores. Sua psicose, embora aguda e perigosa (todas as psicoses são potencialmente perigosas, pelo menos para o paciente), era "apenas" maníaca.

Uma pessoa pode se tornar maníaca (ou deprimida) sem se tornar psicótica, ou seja, ela pode ter delírios ou alucinações, perder a noção da realidade. Mas Sally chegou ao extremo e, naquele dia quente de julho, alguma coisa aconteceu, alguma coisa se partiu. De um momento para o outro, ela era outra pessoa: com outra aparência, outro modo de falar. "De repente, qualquer ponto de conexão entre nós tinha desaparecido", escreve seu pai. Ela o chama de "pai" (quando antes era "papai"), e fala com uma voz "forçada, inautêntica, como se estivesse recitando as falas de um roteiro estudado"; "seus olhos castanhos normalmente ternos agora lembram conchas escuras, como se tivessem sido envernizados".

Greenberg tenta conversar com a jovem sobre assuntos corriqueiros, pergunta se ela está com fome, se quer se deitar:

Mas a cada vez sua alteridade se reafirma. É como se a verdadeira Sally tivesse sido sequestrada e em seu lugar estivesse um demônio que se apropriou do corpo dela, como na história de Salomão. A imemorial superstição da possessão! De que outro modo entender essa transformação grotesca? [...] No mais profundo dos sentidos, Sally e eu somos estranhos: não temos linguagem comum.

As características especiais da mania foram reconhecidas e distinguidas de outras formas de loucura desde quando os grandes médicos da Antiguidade escreveram sobre o assunto. O médico grego Areteu fez no século II uma descrição clara do modo como estados de excitação e depressão podem se alternar em um indivíduo, porém a distinção entre diferentes formas de loucura só veio a ser formalizada com a ascensão da psiquiatria na França oitocentista. Foi então que a "loucura circular" (*folie circulaire* ou *folie à double forme*) — que mais tarde Emil Kraepelin chamaria de loucura maníaco-depressiva e que hoje chamamos de transtorno bipolar — foi diferenciada do transtorno muito mais grave denominado "demência precoce" ou esquizofrenia. Contudo, relatos médicos, feitos por alguém de fora, não fazem justiça ao que realmente se vivencia durante essas psicoses; em casos assim, não há substituto para relatos da fonte original.

Várias narrativas pessoais desse tipo vieram a público ao longo dos anos, e uma das melhores, a meu ver, é *Wisdom, Madness and Folly: The Philosophy of a Lunatic* [Sabedoria, loucura e insensatez: A filosofia de um lunático], de John Custance, publicada em 1952. Ele escreve:

A doença mental a que estou sujeito [...] é conhecida como depressão maníaca ou, para ser mais preciso, psicose maníaco-depressiva. [...] No estado de mania há exaltação, uma excitação prazerosa que às vezes atinge um tom extremo de êxtase; o estado depressivo é exatamente o oposto, com sofrimento, tristeza e às vezes uma angústia apavorante.

Custance sofreu seu primeiro episódio de mania aos 35 anos e continuou a alternar períodos de mania com momentos de depressão nos vinte anos seguintes:

Quando o sistema nervoso está totalmente avariado, os dois estados mentais contrastantes podem se intensificar quase ao infinito. Às vezes sinto que minha condição foi especialmente concebida pela Providência para ilustrar os conceitos cristãos de Céu e Inferno. Com certeza ela me mostra que em minha alma existem possibilidades indescritíveis de paz e felicidade e também profundezas inconcebíveis de terror e desespero.

A vida normal e a consciência da "realidade" são, para mim, um deslocamento ao longo de uma estreita faixa num platô no topo de uma Grande Divisão que separa dois universos distintos. Um lado da encosta é verdejante e fértil, e conduz a uma linda paisagem onde amor, alegria e as belezas infinitas da natureza e dos sonhos aguardam o viajante; o outro é um declive árido e pedregoso que desce para o abismo sem fundo, onde intermináveis horrores de uma imaginação distorcida estão à espreita.

Na depressão maníaca, esse platô é tão estreito que é dificílimo nos mantermos nele. Começamos a escorregar; o mundo em volta muda imperceptivelmente. Por um tempo é possível manter alguma âncora na realidade. Mas assim que de fato transpomos a borda, assim que a âncora na realidade se perde, as forças do Inconsciente assumem o comando, e então começa o que parece ser uma viagem sem fim ao universo da bem-aventurança ou ao do horror, conforme o caso, uma viagem sobre a qual não temos controle algum.

Em nossa época, Kay Redfield Jamison, psicóloga brilhante e corajosa que sofre de transtorno maníaco-depressivo, escreveu a monografia médica clássica sobre o tema (*Manic-Depressive Illness* [Transtorno maníaco-depressivo], em coautoria com Frederick K. Goodwin) e um relato biográfico, *Uma mente inquieta*. Nesta última obra, ela escreve:

Estava no último ano do ensino médio quando tive meu primeiro surto de transtorno maníaco-depressivo; iniciado o cerco, enlouqueci muito depressa. No começo, tudo pareceu facílimo. Eu corria por toda parte como uma doninha maluca, fervilhante de planos e entusiasmos, imersa em esportes, varando noite após noite, saindo com amigos, lendo tudo que me caía nas mãos, preenchendo folhas e mais folhas com poemas e fragmentos de peças e fazendo planos arrojados, totalmente irrealistas, para meu futuro. O mundo era repleto de prazer e promessa; eu me sentia muito bem. Não só muito bem — eu me sentia *ótima*. Sentia que era capaz de fazer qualquer coisa, que nenhuma tarefa era difícil demais. Minha mente parecia clara, fabulosamente focada e capaz de saltos matemáticos intuitivos que até então me eram inatingíveis. Aliás, ainda são.

Naquele tempo, porém, não só tudo fazia perfeito sentido, como começou a entrar numa conexão cósmica maravilhosa. Meu encantamento com as leis do mundo natural transbordou e eu me vi encostando meus amigos na parede para lhes dizer o quanto tudo aquilo era lindo. E eles, não tão maravilhados com os meus vislumbres das inter-relações e belezas do universo, impressionaram-se, isso sim, com o quanto era exaustivo ouvir minhas tagarelices cheias de ardor. [...] Mais devagar, Kay. [...] Pelo amor de Deus, Kay, mais devagar. Eu finalmente desacelerei. Na verdade, parei de chofre.

Jamison compara essa experiência a seus episódios posteriores:

Em contraste com os episódios maníacos muito pronunciados que ocorreram alguns anos mais tarde e se agravaram sem freios para uma psicose fora de controle, a primeira onda prolongada de mania leve foi um matiz suave e deleitante da verdadeira mania. [...] Foi efêmera e esgotou-se rápido: tediosa para os amigos, talvez; extenuante e empolgante para mim, com certeza; mas não exagerada a ponto de provocar inquietação.

Tanto Jamison quanto Custance relatam que a mania altera não apenas os pensamentos e sentimentos, mas até mesmo as percepções sensoriais. Custance enumera meticulosamente essas mudanças em seu relato biográfico. Às vezes, as lâmpadas elétricas na ala do hospital "emanam um fenômeno brilhante como as estrelas [...] e acabam formando um labirinto de padrões iridescentes". Rostos parecem "fulgurar com uma espécie de luz interior que revela linhas características com extrema vividez". Embora em geral seja "péssimo desenhista", Custance consegue desenhar bem durante um episódio de mania (isso me lembrou minha própria habilidade para desenhar, anos atrás, durante um período de hipomania induzido por anfetamina); todos os sentidos parecem intensificados:

Meus dedos ficam muito mais sensíveis e hábeis. Embora normalmente eu seja desajeitado e tenha uma caligrafia abominável, consigo escrever com muito mais elegância do que o usual; consigo estampar, desenhar, ornar e realizar todo tipo de pequenos trabalhos manuais, como colagens, *scrapbooks* e coisas do gênero, que em geral me deixariam nervoso. Também noto um formigamento específico na ponta dos dedos.
Minha audição parece ficar mais sensível, e sou capaz de captar [...]

muitas impressões sonoras ao mesmo tempo. [...] Desde os gritos das gaivotas lá fora até as risadas e conversas dos outros pacientes, estou plenamente receptivo ao que se passa e no entanto não tenho dificuldade para me concentrar no trabalho.
[...] Se me fosse permitido andar livremente em um jardim florido, eu apreciaria os aromas muito mais do que de costume. [...] Até a grama comum tem um gosto excelente, enquanto verdadeiras iguarias como morango ou framboesa trazem sensações de êxtase próprias de verdadeiros alimentos de deuses.

De início, os pais de Sally se empenham em acreditar (como Sally acredita) que o estado de excitação da filha seja positivo, alguma coisa que não doença. A mãe tenta dar uma interpretação no espírito *new age*:

Sally está tendo uma experiência, Michael, tenho certeza, isso não é doença. Ela é uma menina muito espiritualizada. [...] O que está acontecendo agora é uma fase necessária em sua evolução, sua jornada para um plano superior.

E essa interpretação encontra ecos mais clássicos no próprio Greenberg:

Eu também queria acreditar nisso [...] acreditar em sua descoberta, em sua vitória, no florescimento tardio de sua mente. Mas como distinguir a "loucura divina" de Platão da conversa furada? o [entusiasmo] da loucura? o profeta do "doente louco"?

(Era uma situação parecida com a de James Joyce e sua filha Lucia, Greenberg observa. "As intuições dela são admiráveis", comentou Joyce. "Qualquer centelha de talento que eu possua foi transmitida a ela e lhe acendeu um fogo no cérebro." Mais tarde, ele disse a Beckett: "Ela não é uma doida varrida, apenas uma pobre criança que tentou fazer demais, entender demais".)

Mas dentro de algumas horas fica evidente que Sally está mesmo psicótica e fora de controle, e seus pais a levam para um hospital psiquiátrico. No começo ela gosta da ideia, imagina os enfermeiros, auxiliares e psiquiatras especialmente interessados em compreender sua revelação, sua mensagem. A realidade é brutalmente diversa: ela é entorpecida com tranquilizantes e confinada em uma enfermaria.

A descrição que Greenberg faz da enfermaria tem a riqueza e a densidade de um romance, com um elenco tcheckoviano de personagens: a equipe médica, os outros pacientes. Ele vê um jovem hasside muito perturbado, obviamente psicótico, cuja família não quer aceitar que ele esteja doente. Seu irmão garante: "Ele alcançou o *devaykah*, o estado de comunhão constante com Deus".

Não são muitas as tentativas de *compreender* Sally de verdade no hospital — sua mania é encarada, antes de tudo, como um problema de saúde, um distúrbio da química cerebral, que requer tratamento neuroquímico. A medicação é decisiva, até mesmo imprescindível para salvar a vida de um paciente com mania aguda, que, sem tratamento, pode morrer de exaustão. Infelizmente Sally não responde ao lítio, uma substância poderosa para muitos pacientes com transtorno maníaco-depressivo; por isso, seus médicos precisam recorrer a tranquilizantes fortes, que refreiam sua exuberância e seu frenesi, mas a mergulham em estupor, apatia e parkinsonismo por algum tempo. Ver a filha adolescente naquele estado, como um zumbi, é quase tão chocante quanto tê-la visto possuída pela mania.

Depois de 24 dias no hospital, Sally é liberada — ainda com algum delírio e medicada por tranquilizantes fortes — para voltar para casa sob vigilância atenta e, de início, ininterrupta. Fora do hospital, ela entabula um relacionamento decisivo com uma terapeuta excepcional, que a enxerga como um ser humano, procura compreender seus pensamentos e sentimentos. A dra. Lensing mostra uma franqueza cativante: "Aposto que tem a impressão de que há um leão dentro de você", são as primeiras palavras que ela diz a Sally.

"Como sabe?", Sally se espanta, e sua desconfiança se dissipa instantaneamente. Lensing então conversa sobre mania, a mania de Sally, como se fosse uma espécie de criatura, um outro ser dentro dela:

Lensing se acomoda com agilidade na cadeira ao lado de Sally na sala de espera e lhe diz, em tom de conversa franca de mulher para mulher, que a mania — e parece estar falando de uma entidade separada, uma conhecida das duas —, a mania é gulosa por atenção. Que tem fome de emoções, de ação, que anseia por continuar florescendo, que faz qualquer coisa para continuar viva. "Sabe aquela amiga tão legal que você quer andar com ela, mas ela mete você nas maiores encrencas e no fim você fica desejando nunca ter conhecido aquela pessoa? Você sabe do que estou falando: aquela garota que sempre quer ir mais rápido, que sempre quer mais. A garota que só pensa nela e dane-se o resto. [...] Estou só dando um exemplo do que é a mania: uma pessoa ambiciosa, carismática, que finge ser sua amiga."

Lensing tenta fazer Sally distinguir a psicose da sua verdadeira identidade, posicionar-se fora da psicose e perceber a relação complexa e ambígua entre essa condição e ela própria. (Psicose "não é uma identidade", ela frisa.) Conversa sobre isso também com o pai de Sally — pois ele precisa compreender isso para que a filha possa melhorar. Ela ressalta o poder de sedução da psicose:

Sally [...] não quer ser isolada, seu impulso é para fora, e saiba que isso é uma ótima notícia. O desejo dela é ser compreendida, e não só por nós: ela também quer entender a si mesma. Ainda está apegada a sua mania, é claro. Ela se lembra da intensidade da experiência e faz de tudo para manter viva aquela intensidade. Pensa que, se abrir mão dela, perderá as habilidades incríveis que acredita ter adquirido. É um paradoxo terrível, na verdade: a mente se apaixona pela psicose. A sedução perversa, como eu a chamo.

"Sedução" é a palavra crucial aqui (e também é a palavra-chave no título do esplêndido livro de Edward Podvoll, *The Seduction of Madness* [A sedução da loucura], que discute a natureza e os tratamentos da doença mental). Por que a psicose, e em especial a mania, seria sedutora? Freud classifica todas as psicoses como transtornos narcisistas: o indivíduo acometido se torna a pessoa mais importante do mundo, escolhido para um papel único, seja o de messias, redentor de almas, seja (como ocorre em psicoses depressivas ou paranoides) como o foco de perseguição, acusação, ridicularização ou degradação universal.

Porém, mesmo sem esses sentimentos messiânicos, a mania pode dominar alguém com uma sensação de imenso prazer, de êxtase, até — cuja tremenda intensidade pode dificultar que a pessoa "abra mão" da doença. Isso é o que impele Custance, apesar de saber o quanto essa evolução é perigosa, a evitar os medicamentos e a hospitalização durante um episódio de mania, para acolhê-la, embarcando em uma arriscada aventura no estilo James Bond em Berlim Oriental. Talvez uma intensidade de sentimentos semelhante seja o que os viciados em drogas procuram, sobretudo aqueles dependentes de estimulantes como cocaína ou anfetaminas; e nesse caso também o "barato" tende a ser seguido pelo abatimento, do mesmo modo como a mania costuma ser seguida pela depressão — ambos decorrentes, talvez, da exaustão causada por neurotransmissores como a dopamina nos sistemas de recompensa superestimulados no cérebro.

No entanto, a mania está longe de ser só prazer, como Greenberg observa o tempo todo. Ele descreve Sally como uma "bola de fogo implacável", comenta sobre a "aterradora pretensão" da filha, sua ansiedade e fragilidade dentro da "exuberância oca" da mania. Quando a pessoa ascende às alturas exorbitantes, fica muito isolada das relações humanas usuais, da escala humana — apesar de esse isolamento às vezes ser encoberto por arrogância ou pretensão defensiva. É por isso que Lensing acha que o retorno do desejo de fazer contato genuíno com as pessoas, de compreender e ser compreendida é, em Sally, um sinal auspicioso de seu retorno à saúde, de sua volta à Terra.

Psicose não é uma identidade, diz Lensing, e sim uma aberração temporária, um afastamento da identidade. No entanto, ter uma doença crônica ou recorrente que altera a mente, como o transtorno maníaco-depressivo, com certeza acaba por influenciar a identidade, torna-se parte das atitudes e dos modos de pensar da pessoa. Jamison escreve:

> Afinal de contas, não é apenas uma doença, e sim algo que afeta todos os aspectos da vida: meus estados de humor, meu temperamento, meu trabalho e minhas reações a quase tudo que acontece.

Também não se trata apenas de má sorte biológica. Embora Jamison concorde que não se pode dizer nada de bom sobre a depressão, ela acha que suas manias e hipomanias, quando não demasiadamente fora de controle, têm um papel fundamental e às vezes positivo em sua vida. De fato, no livro *Tocados pelo fogo: A doença maníaco-depressiva e o temperamento artístico* [edição de Portugal], ela apresenta muitas evidências que sugerem uma possível relação entre mania e criatividade, e cita vários grandes artistas — Schumann, Coleridge, Byron e Van Gogh, entre outros — que parecem ter vivido com transtorno maníaco-depressivo.

Quando Sally é hospitalizada, seu pai pergunta sobre o diagnóstico ao psiquiatra residente. "A condição de Sally provavelmente vem se intensificando já faz algum tempo, ganhou força e acabou por dominá-la", diz o médico. Greenberg quer saber que "condição" é essa. O outro diz: "Não importa agora como a chamamos. Com certeza muitos dos critérios para [transtorno] bipolar [tipo] I estão presentes. Mas quinze anos é relativamente cedo para o surgimento de mania fulminante".

Nas duas últimas décadas, o termo "transtorno bipolar" passou a ser usado em parte porque parece estigmatizar menos do que "doença maníaco-depressiva", sugere Jamison. Mas ela alerta:

> Dividir transtornos do humor nas categorias bipolar e unipolar pressupõe uma distinção entre depressão e transtorno maníaco-depressivo [...] que nem sempre é clara e não tem alicerce na ciência. Analogamente, isso perpetua a ideia de que a depressão existe segregada e muito ordeira em seu próprio polo, enquanto a mania se agrupa com nitidez e reserva em outro. Essa polarização [...] destoa de tudo o que sabemos acerca da natureza miscível e flutuante do transtorno maníaco-depressivo.

Além disso, a "bipolaridade" é característica de muitos transtornos de controle — como catatonia e parkinsonismo — nos quais os pacientes perdem o meio-termo da normalidade e alternam entre estados hipercinéticos e acinéticos. Mesmo em uma doença metabólica como o diabetes, podem ocorrer alternâncias drásticas entre (por exemplo) níveis muito elevados e níveis muito baixos de glicose no sangue, pois os complexos mecanismos homeostáticos estão comprometidos.

Há outro motivo para que seja enganosa a noção de transtorno maníaco-depressivo como um transtorno bipolar, que oscila entre um polo e outro. Kraepelin o expôs mais de um século atrás, quando escreveu sobre "estados mistos" — que são inseparavelmente interligados e nos quais há elementos tanto de mania como de depressão. Kraepelin falou sobre a "profunda relação íntima entre esses estados que parecem contraditórios".

Mencionamos "polos separados", mas os polos da mania e da depressão são tão próximos um do outro que nos perguntamos: será que a depressão é uma forma de mania ou vice-versa? (Essa noção dinâmica de mania e depressão — sua "unidade clínica", como diz Kraepelin — é realçada pelo fato de que o lítio, nos pacientes em que ele funciona, funciona igualmente bem para *ambos* os estados.) Greenberg descreve essa situação paradoxal com oximoros às vezes espantosos, por exemplo, quando fala da "exultação abissal" que Sally sente às vezes "nas garras de sua mania distópica".

O retorno definitivo de Sally das loucas alturas de sua mania é quase tão súbito quanto sua decolagem sete semanas antes, como relata Greenberg:

> Sally e eu estamos na cozinha. Passei o dia com ela em casa, trabalhando no roteiro para Jean-Paul.
> "Que tal um chá?", pergunto. "Seria bom. Quero, sim. Obrigada."
> "Com leite?" "Sim. E mel."
> "Duas colheres?" "Isso. Eu ponho o mel. Gosto de ver quando ele escorre da colher." Alguma coisa em seu tom de voz me chamou a atenção: a modulação de sua voz, direta, sem tensão — comedida, e com uma cordialidade que eu não ouvia nela fazia meses. Seus olhos suavizaram-se. Alerto a mim mesmo para não me deixar enganar. Mas a mudança é inequívoca. [...] parece um milagre. O milagre da normalidade, da existência comum. [...]
> Tenho a impressão de que vivemos o verão inteiro dentro de uma fábula. Uma linda garota é transformada em uma pedra comatosa ou num

demônio. Ela é separada de seus entes queridos, da linguagem, de tudo o que dominava. E então o feitiço é desfeito e ela está de novo acordada.

Depois de seu verão de loucura, Sally está apta a voltar para a escola — apreensiva, mas decidida a reaver sua vida. De início, nada comenta sobre sua doença e aproveita a companhia de três grandes amigas de sua classe. "Eu a ouço com frequência falar com elas ao telefone, íntima, sarcástica, mexeriqueira — o animado som da saúde", escreve o pai. Algumas semanas depois de começar o ano letivo, após muito debater com seus pais, Sally conta às amigas sobre sua psicose:

> Elas aceitam a notícia logo de cara. Ter sido aluna da ala de psiquiatria confere status social a Sally. É uma espécie de credencial. Ela esteve aonde ninguém jamais foi. Esse passa a ser o segredo delas.

A loucura de Sally se resolve, e todos esperam que esse seja o fim do caso. Mas a característica que define o transtorno maníaco-depressivo é justamente sua natureza cíclica; em um pós-escrito no livro, Greenberg conta que Sally teve dois outros episódios: quatro anos depois, quando estava na faculdade, e depois dali a mais seis anos (quando sua medicação foi suspensa). Não existe "cura" para esse transtorno, mas viver com ele pode ser bem mais fácil com medicação, intuição e compreensão (em especial minimizando circunstâncias estressantes como deficiência de sono e estando alerta para os primeiros sinais de mania ou depressão) e, muito importante, com aconselhamento e psicoterapia.

Em seu detalhamento, profundidade, riqueza e inteligência, *À espera do sol* será reconhecido como um clássico do gênero, junto com os relatos biográficos de Kay Redfield Jamison e John Custance. Mas a singularidade dessa obra está em expor quase tudo pelos olhos de um pai receptivo e sensível — que, embora nunca descambe para o sentimentalismo, tem notável compreensão dos pensamentos e sentimentos da filha e uma rara capacidade de encontrar imagens e metáforas para estados de espírito praticamente inimagináveis.

A questão do "dizer", de publicar relatos minuciosos da vida de pacientes, suas vulnerabilidades, sua doença, requer imensa delicadeza moral e é repleta de armadilhas e perigos de todo tipo. Será que a luta de Sally com a psicose não é um assunto privado e pessoal, que só interessa a ela própria (e a sua família e seus médicos)? Por que seu pai cogitaria em expor ao mundo as tribulações da filha e a dor da família? E como Sally se sentiria com a exposição pública de seus tormentos e exultações de adolescente?

Essa não foi uma decisão rápida nem fácil para Sally, tampouco para seu pai. Greenberg não pegou a caneta e desatou a escrever sobre a psicose da filha em 1996. Ele esperou, ponderou, digeriu bem a experiência. Teve longas conversas exploratórias com Sally, e só após mais uma década sentiu que talvez tivesse o equilíbrio, a perspectiva e o tom que *À espera do sol* requeria. Sally também tinha passado a pensar nessas linhas, e o incentivou não só a escrever a história dela, mas também a usar seu nome verdadeiro, sem camuflagem. Foi uma decisão corajosa, considerando o estigma e os equívocos que ainda pairam sobre todos os tipos de doença mental.

É um estigma que afeta muita gente, pois o transtorno maníaco-depressivo ocorre em todas as culturas e está presente em no mínimo um dentre cada cem indivíduos — a cada momento, existem milhões de pessoas, algumas até mais jovens do que Sally, que talvez tenham de enfrentar o que ela enfrentou. Lúcido, realista, compassivo, esclarecedor, *À espera do sol* pode servir como uma espécie de guia para quem precisa atravessar as regiões escuras da alma. E ser também um guia para a família e os amigos, para todos que desejam compreender o que está acontecendo com a pessoa que eles amam.

Talvez também nos lembre de que todos nós habitamos uma estreita crista de normalidade, com os abismos da mania e da depressão escancarados um de cada lado.

AS VIRTUDES ESQUECIDAS DO ASILO

Tendemos a imaginar os manicômios como ninhos de cobras, infernos de caos e sofrimento, esqualidez e brutalidade. Hoje a maioria desses estabelecimentos está fechada e abandonada, e nos arrepiamos de terror quando pensamos naqueles que foram confinados em lugares assim. Por isso, é bom ouvir a voz de uma pessoa que esteve internada em um deles: Anna Agnew, julgada insana em 1878 (naquele tempo, quem tomava tais decisões era um juiz, não um médico) e "recolhida" ao Manicômio de Indiana. Anna foi internada depois de tentativas cada vez mais tresloucadas de se matar e de ter tentado matar um de seus filhos com láudano. Ela sentiu um alívio imenso quando a instituição se fechou, protetora, em torno dela, e sobretudo por ter sua loucura reconhecida. Como escreveu depois:

> Antes de completar uma semana de internação no asilo, senti uma serenidade muito maior do que jamais sentira no ano anterior. Não porque estivesse reconciliada com a vida, mas porque minha desafortunada condição mental era compreendida e me tratavam de acordo com essa percepção. Além disso, estava em meio a outros que também sofriam de estados mentais desnorteados e inquietos [...] e percebi que começava a me interessar pelo sofrimento deles, a sentir compaixão. [...] E, ao mesmo tempo, eu também era tratada como insana, uma gentileza que até então não me fora demonstrada.
>
> O dr. Hester foi a primeira pessoa bondosa o suficiente para dar-me a seguinte resposta quando perguntei: "Sou insana?". "Sim, minha senhora, e muito!" [...] "Mas pretendemos ajudá-la tanto quanto possível, e nossa esperança, no seu caso, está no confinamento deste lugar" [...] Em uma ocasião eu o ouvi repreender um subordinado negligente, dizendo: "Tenho um compromisso com o estado de Indiana de proteger essas infe-

lizes. Sou pai, filho, irmão e marido de mais de trezentas mulheres [...] e providenciarei para que sejam bem cuidadas!".

Anna também mencionou (como conta Lucy King em *From under the Cloud at Seven Steeples* [Debaixo da nuvem em Seven Steeples]) que, para os desorientados e perturbados, era fundamental ter a ordem e a previsibilidade do asilo:

> Este lugar me faz pensar em um grande relógio, tamanha a regularidade e precisão com que funciona. O sistema é perfeito, nosso cardápio é excelente e variado, como em qualquer família bem regulada. [...] Nós nos recolhemos quando soa o telefone às oito da noite, e uma hora depois todo este prédio imenso está escuro e silencioso.

O termo antigo para hospital psiquiátrico era "asilo de loucos", e "asilo", em sua acepção original, significava refúgio, proteção, santuário — na definição do *Oxford English Dictionary*, "uma instituição beneficente que abriga e auxilia uma classe de pessoas enfermas, desafortunadas ou desvalidas". Desde no mínimo o século IV d.C., mosteiros, conventos e igrejas foram lugares de asilo. Aos quais se juntaram os asilos seculares, que surgiram (supõe Michel Foucault) com a aniquilação, na prática, dos leprosos na Europa pela peste negra e com o uso dos agora vagos leprosários para abrigar pessoas pobres, enfermas, insanas ou criminosas. Erving Goffman, em seu famoso livro *Manicômios, prisões e conventos*, classifica esses estabelecimentos como "instituições totais", lugares onde existe um abismo intransponível entre o pessoal que ali trabalha e os internos, onde regras e papéis rígidos impossibilitam amizades e simpatias, e onde os internos são privados de autonomia, liberdade, dignidade e individualidade, reduzidos a números anônimos no sistema.

Era de fato assim nos anos 1950, pelo menos em muitos hospícios, quando Goffman fez sua pesquisa no Hospital St. Elizabeths em Washington, DC. No entanto, criar um sistema como esse não era a intenção dos generosos cidadãos e filantropos que se sentiram inspirados a fundar muitos dos asilos para insanos nos Estados Unidos nas décadas de início e meados do século

xix. Como não existiam medicações específicas para doença mental, o "tratamento moral" — voltado para o indivíduo como um todo e seu potencial para a saúde física e mental, e não um mero tratamento para uma parte do cérebro com mau funcionamento — era considerado a única alternativa compassiva. Muitos desses primeiros manicômios eram edifícios palacianos, com pé-direito alto, janelas enormes e terrenos espaçosos; proporcionavam muita luz, espaço e ar puro, além de exercício e uma dieta variada. A maioria se sustentava por meios próprios e produzia a maior parte dos alimentos que consumia. Os pacientes se ocupavam das plantações e leiterias, e o trabalho era considerado uma importante terapia, além de sustentar o estabelecimento. Comunidade e companheirismo também eram importantes — na verdade, vitais — para pessoas que, de outro modo, viveriam isoladas em seu mundo mental, dominadas por suas obsessões ou alucinações. Outro aspecto crucial era o reconhecimento e a aceitação da insanidade dos pacientes (algo que Anna Agnew via como uma "grande bondade") pelo pessoal que ali trabalhava e pelos outros internos.

Por fim, voltando à acepção original de "asilo", esses manicômios proporcionavam aos pacientes controle e proteção, tanto contra seus impulsos (talvez suicidas ou homicidas) como contra a ridicularização, o isolamento, a agressão ou o abuso que sofriam tão frequentemente no mundo lá fora. Os asilos proporcionavam uma vida com proteções e limitações especiais, uma vida simplificada e restrita, talvez, mas dentro dessa estrutura protetora havia a liberdade para serem loucos à vontade e, ao menos no caso de alguns, para viverem na íntegra suas psicoses e emergir de suas profundezas como pessoas mais sãs e estáveis.

Em geral, contudo, os pacientes permaneciam internados por longos períodos. Não eram bem preparados para voltar à vida externa, e talvez, depois de anos enclausurados, eles se tornassem, em certa medida, "dependentes": não queriam ou não podiam mais enfrentar o mundo exterior. Muitos viviam em manicômios por décadas e lá morriam — cada asilo tinha seu próprio cemitério. (Vidas como essas foram descritas com maravilhosa sensibilidade por Darby Penney e Peter Stastny em *The Lives They Left Behind* [As vidas que eles deixaram para trás)].

Nessas circunstâncias, era inevitável que a população internada em tais instituições crescesse, e que os asilos, muitos deles imensos já de início, acabassem por se assemelhar a pequenas cidades. O Manicômio Pilgrim, em Long Island, abrigava 14 mil pacientes. Igualmente inevitável, com esses números enormes de internos e verbas insuficientes, era que os hospícios negligenciassem seus ideais primeiros. Nos últimos anos do século XIX, eles já eram conhecidos pela sordidez e pelo descaso, e muitos eram administrados por burocratas ineptos, corruptos ou sádicos. Essa situação persistiu durante toda a primeira metade do século XX.

Uma evolução — ou involução — nesses moldes ocorreu no Manicômio Creedmoor, em Queens, Nova York, que em 1912 fora fundado modestamente como Colônia Agrícola do Manicômio do Brooklyn, pautada nos ideais oitocentistas de proporcionar espaço, ar puro e ocupações agrárias aos pacientes. Mas a população do Creedmoor aumentou vertiginosamente — chegou a 7 mil internos em 1959 — e, como mostrou Susan Sheehan em *Is There No Place on Earth for Me?* [Não há um lugar no mundo para mim?], de 1982, o estabelecimento acabou sendo, em muitos aspectos, tão deplorável, superlotado e carente de profissionais quanto qualquer outro hospício. No entanto, as hortas e os animais de criação foram mantidos, e isso constituía um recurso decisivo para alguns pacientes, que podiam cuidar de animais e verduras, apesar de serem, talvez, transtornados ou ambivalentes demais para se relacionar com outras pessoas.

Creedmoor tinha academias de ginástica, piscina e salas de jogos com mesas de pingue-pongue e bilhar, além de um teatro e um estúdio de televisão onde os pacientes podiam produzir, dirigir e interpretar suas próprias peças — as quais, como no teatro do marquês de Sade no século XVIII, permitiam que eles expressassem criativamente seus interesses e tormentos. A música era importante — havia uma pequena orquestra de pacientes —, bem como as artes visuais. (Mesmo hoje, quando grande parte do estabelecimento está desativado e se deteriorando, o admirável Museu Vivo de Creedmoor proporciona aos pacientes material e espaço para trabalhar com pintura e escultura. Um dos fundadores do museu, Janos Morton, descreve o local como um "espaço protegido" para artistas.)

As cozinhas e lavanderias gigantescas do manicômio, como as hortas e os animais de criação, ofereciam trabalho e "terapia laboral" para muitos pacientes, bem como oportunidades para aprender habilidades cotidianas que eles, retraídos na doença mental, talvez nunca pudessem adquirir de outro modo. E havia grandes refeitórios comunitários que, em seus melhores momentos, promoviam um senso de comunidade e companheirismo.

Assim, mesmo nos anos 1950, quando as condições manicomiais eram deploráveis, ainda se encontram alguns bons aspectos da vida em um hospício. Até nos piores estabelecimentos frequentemente havia ilhas de decência humanitária, de vida e bondade reais.

Os anos 1950 viram o advento de drogas antipsicóticas específicas, que pareciam prometer pelo menos alguma atenuação ou supressão de sintomas psicóticos, mas não a "cura". A disponibilidade desses remédios reforçou a ideia de que a internação não precisava ser sob custódia nem vitalícia. Se, depois de uma breve estada no hospital para "interromper" uma psicose, o paciente retornasse a sua comunidade, onde ele poderia ser mantido com medicação e monitorado em ambulatório, então, supunha-se, o prognóstico, toda a história natural da doença mental, podia ser transformado, e seria possível reduzir drasticamente a população imensa e desesperançada dos manicômios.

Com base nessa premissa, nos anos 1960 foram construídos alguns novos hospitais dedicados a internações de curto prazo. Entre eles estava o Hospital Psiquiátrico do Bronx (atual Centro Psiquiátrico do Bronx). Quando foi inaugurado, em 1963, ele tinha um diretor talentoso e visionário, e uma equipe escolhida a dedo; contudo, apesar de sua orientação de ponta, precisava lidar com um afluxo enorme de pacientes vindos dos manicômios mais antigos, que começavam a ser fechados. Comecei a trabalhar ali como neurologista em 1966 e, ao longo dos anos, atenderia centenas desses internos, muitos dos quais haviam passado a maior parte da vida adulta em hospícios.

Como em todos os hospitais do gênero, lá havia uma variação enorme na qualidade de tratamento dos pacientes: existiam alas boas, algumas até exemplares, com médicos e assistentes empenhados e conscienciosos, e outras ruins ou até medonhas, marcadas por negligência e crueldade. Encontrei esses dois tipos nos 25 anos em que trabalhei lá. Tenho recordações de internos que, após deixarem de ser violentamente psicóticos ou confinados em um pavilhão, podiam andar com tranquilidade pelos jardins, jogar basquete, ir a concertos ou ao cinema. Como os pacientes do Creedmoor, eles podiam produzir espetáculos, e sempre víamos internos lendo sossegados na biblioteca do hospital ou folheando jornais e revistas nas salas de estar.

Uma guinada lamentável e irônica, pouco depois de minha chegada nos anos 1960, fez as oportunidades de trabalho para os internos praticamente desaparecerem, a pretexto de proteger os direitos deles. Julgou-se que designar pacientes para trabalhar na cozinha, na lavanderia, na horta ou em oficinas protegidas constituía "exploração". Essa proibição do trabalho — baseada em noções legalistas sobre direitos dos pacientes e não nas reais necessidades deles — privou muitas pessoas de uma forma importante de terapia, capaz de lhes dar incentivo e identidade na esfera econômica e social. O trabalho tinha o dom de "normalizar" e criar comunidade, tirar pacientes de seu mundo interior solipsista, e os efeitos da interrupção do trabalho foram extremamente desalentadores. Para muitos internos que antes se compraziam em trabalhar e ser ativos, quase só restava ficar sentado como um zumbi defronte à TV, agora ligada o tempo todo.

O movimento antimanicomial, iniciado a conta-gotas nos anos 1960, tornou-se uma torrente nos anos 1980, embora àquela altura já estivesse claro que, se por um lado resolvia alguns problemas, por outro ele os criava em igual medida. A enorme população sem-teto, os "psicóticos da calçada" em todos os centros de certo porte, era a prova cabal de que nenhuma cidade possuía uma rede adequada de clínicas psiquiátricas e *halfway houses*,* tampouco infraestrutura para lidar com as centenas de milhares de internos que haviam sido mandados embora dos manicômios remanescentes.

As medicações antipsicóticas que haviam ensejado essa onda de desinternações muitas vezes se revelavam bem menos milagrosas do que o previsto. Podiam atenuar os sintomas "positivos" da doença mental — as alucinações e os delírios da esquizofrenia —, mas pouco faziam pelos sintomas "negativos" — a apatia e a passividade, a desmotivação e a incapacidade de se relacionar com os outros, sintomas que na maioria das vezes eram mais incapacitantes do que os positivos. De fato (pelo menos no modo como foram usadas originalmente), as drogas antipsicóticas tendiam a reduzir a energia e a vitalidade e a produzir apatia. Às vezes havia efeitos colaterais intoleráveis, distúrbios do movimento como parkinsonismo ou discinesia tardia, que podiam persistir por anos depois da interrupção do medicamento. E alguns pacientes não queriam abrir mão de suas psicoses, pois elas conferiam significado ao mundo deles e os situavam no centro daquele mundo. Por isso, era comum que as pessoas parassem de tomar a medicação antipsicótica que lhes fora prescrita.

Assim, muitos pacientes que haviam recebido medicamentos antipsicóticos e tido alta precisaram voltar a ser internados semanas ou meses depois. Vi muitos nessas condições, e vários deles me disseram: "O Hospital do Bronx está longe de ser uma delícia, mas é infinitamente melhor do que passar fome e frio na rua ou levar uma facada num beco". Por pior que pudesse ser, o hospital ainda lhes oferecia proteção e segurança — em uma palavra, asilo.

---

* As *halfway houses* são centros de apoio que oferecem residência, tratamento e medicamentos durante a fase de adaptação do ex-interno à vida na comunidade mais ampla. (N. T.)

Em 1990, estava muito claro que o sistema havia exagerado, que o fechamento por atacado dos manicômios fora feito depressa demais, sem alternativas adequadas para substituí-los. Não era de fechamento por atacado que os hospícios precisavam, e sim de conserto: resolver os problemas de superpopulação, escassez de pessoal, negligências e brutalidades. Porque o tratamento químico, embora necessário, não bastava. Nós esquecemos os aspectos benignos dos asilos, ou talvez tenhamos achado que não tínhamos mais condições de pagar por aqueles estabelecimentos: os espaços amplos, o senso de comunidade, o lugar para trabalhar e se divertir e para aprender gradualmente habilidades sociais e vocacionais — um refúgio seguro que os manicômios tinham condição de proporcionar.

Não devemos pintar de cor-de-rosa a loucura nem os manicômios onde os doentes mentais eram confinados. Sob as manias, presunções, fantasias e alucinações há uma tristeza infinitamente profunda, uma tristeza que se reflete na arquitetura muitas vezes grandiosa, mas melancólica, dos velhos hospícios. Como atestam as fotografias do livro *Asylum* [Asilo], de Christopher Payne, essas ruínas, hoje desoladoras por outras razões, são um testemunho mudo e comovente tanto do sofrimento das pessoas com doença mental grave como das estruturas heroicas que um dia foram erguidas para amenizar essa aflição.

Payne é um poeta visual, além de arquiteto por formação, e passou anos procurando e fotografando esses prédios — muitos eram o orgulho de suas comunidades e um símbolo poderoso do cuidado humanitário com os menos afortunados. Suas fotografias são belas imagens em si mesmas, além de constituírem um tributo a um tipo de arquitetura pública que não existe mais. Elas enfocam o monumental e o corriqueiro, as fachadas grandiosas e a tinta descascada.

As fotografias de Payne são uma veemente elegia, sobretudo para alguém que trabalhou e viveu em lugares desse tipo e os viu cheios de gente, de vida. Os espaços abandonados evocam as existências que um dia os povoaram e, em nossa imaginação, os refeitórios vazios ficam de novo abarrotados e as espaçosas salas de estar, com suas janelas altas, mais uma vez são ocupadas por pacientes que leem tranquilos ou dormitam em sofás, ou mesmo (como era totalmente admissível) apenas fitam o vazio. Para mim, evocam não só a vida tumultuada desses lugares, mas também a atmosfera protegida e especial que eles ofereciam, porque, como anotou Anna Agnew em seu diário, eram espaços onde se podia ao mesmo tempo ser louco e estar seguro, e encontrar, se não a cura, ao menos reconhecimento e respeito, um senso vital de companheirismo e comunidade.

Qual é a situação hoje? Os manicômios que ainda existem estão quase vazios e abrigam uma fração minúscula dos números de outrora. Grande parte dos internos são pacientes com doenças crônicas que não respondem a medicação ou são incorrigivelmente violentos, que por motivos de segurança não podem ser liberados. Portanto, a imensa maioria das pessoas com doença mental vive fora de manicômios. Algumas moram sozinhas ou com a família e têm atendimento ambulatorial; outras permanecem em *halfway houses* que oferecem um quarto, uma ou mais refeições e os medicamentos prescritos.

A qualidade dessas residências varia bastante; porém, mesmo nas melhores — como observou Tim Parks em sua resenha do livro de Jay Neugeboren sobre seu irmão esquizofrênico, *Imagining Robert* [Imaginando Robert], e também o próprio Neugeboren em sua resenha recente de *The Center Cannot Hold* [O centro não sustenta], o relato autobiográfico de Elyn Saks sobre sua esquizofrenia —, os pacientes podem se sentir isolados e, pior ainda, ter dificuldade para obter o atendimento e acompanhamento psiquiátrico de que precisam.[1] Nas últimas décadas, surgiu uma nova geração de medicamentos antipsicóticos, com melhores efeitos terapêuticos e menos efeitos colaterais, mas a

---

[1] Elyn Saks, que vive com esquizofrenia desde criança, é bolsista da MacArthur Foundation e professora da Gould Law School, da Universidade do Sul da Califórnia; sua especialidade é saúde mental e direito.

ênfase exagerada em modelos químicos de esquizofrenia e em tratamentos puramente farmacológicos pode deixar intocada a fundamental experiência humana e social de ser mentalmente doente.

Em Nova York, sobretudo depois do declínio das internações, a Fountain House tem sido um centro de apoio particularmente importante. Estabelecido em 1948 na rua 47 Oeste, o local funciona como uma espécie de clube para pessoas com doença mental de toda a cidade. Elas podem entrar e sair quando querem, conviver, comer em companhia e, o mais importante, usar recursos e redes para encontrar emprego ou apartamento, estudar, desfrutar do sistema de saúde etc. "Clubes" semelhantes existem agora em muitas cidades. Profissionais e voluntários trabalham nesses estabelecimentos, que dependem em grande parte de fundos privados, já que as verbas públicas são muito insuficientes.

Existe outro modelo, na pequena cidade flandrense de Geel, próxima de Antuérpia. Geel é um experimento único — se é que podemos usar a palavra "experimento" para algo que vem sendo implementado há sete séculos e surgiu de modo muito natural e espontâneo. Diz a lenda que, no século VII, Dinfna, filha de um rei irlandês, fugiu para Geel para escapar das carícias incestuosas de seu pai, e ele, com fúria assassina, mandou decapitá-la. Ela foi venerada em Geel como santa padroeira dos loucos, e seu santuário logo atraiu doentes mentais de toda a Europa. No século XIII, as famílias dessa cidadezinha de Flandres abriam suas portas e seus corações para os doentes mentais — atitude que mantêm até hoje. Por séculos foi comum as famílias de Geel acolherem ou adotarem um pensionista; em tempos mais agrícolas, esses "hóspedes" tornavam-se uma fonte de mão de obra muito bem-vinda.

A tradição está em declínio, ainda que os anfitriões recebam um pequeno subsídio governamental. Porém, quando uma família — com frequência um casal com filhos pequenos — indica sua disposição para receber um hóspede, ela não faz perguntas sobre sua condição ou diagnóstico psiquiátrico. Os pacientes são levados para a casa deles como indivíduos, e quando a relação funciona bem, o que ocorre na maioria das vezes, tornam-se membros estimados da família, como uma tia ou tio queridos. Podem ajudar a criar os filhos e netos ou a cuidar de idosos.

O antropólogo Eugeen Roosens estudou Geel minuciosamente por mais de trinta anos; publicou pela primeira vez suas observações em 1979 (*Mental Patients in Town Life: Geel — Europe's First Therapeutic Community* [Doentes mentais na vida da cidade: Geel, a primeira comunidade terapêutica da Europa]). Como ele e seu colega Lieve Van de Walle escreveram, a solução de Geel "não é simplesmente um resquício feliz, mas isolado da Idade Média". Ali o sistema passou por no mínimo duas transformações fundamentais que lhe permitiram permanecer viável. A primeira ocorreu quando o governo belga introduziu a supervisão médica na comunidade e, em 1861, construiu um hospital onde o hóspede podia obter tratamento, caso a situação se tornasse muito difícil para a família. Assim, fortalecida por um estabelecimento hospitalar e seus profissionais — psiquiatras, enfermeiros, assistentes sociais e terapeutas — que auxiliavam a família e (se necessário) forneciam assistência médica, Geel continuou a prosperar; em dado momento, antes da Segunda Guerra Mundial, a cidade abrigava vários milhares de doentes mentais.

Uma segunda mudança, nestes últimos cinquenta anos, aconteceu com um aumento marcante no impacto dos profissionais de saúde em Geel. Durante o dia, mais da metade dos pacientes é capaz de exercer alguma ocupação ou participar de programas diurnos fora de casa, supervisionados por terapeutas e assistentes sociais. (Intencionalmente ou não, essa ascensão dos atendimentos em regime de *day care* coincidiu com um declínio do trabalho em casa, à medida que as famílias hospedeiras foram abandonando as ocupações não agrícolas.)

Portanto, Geel evoluiu para um sistema de duas camadas, mas alguns dos elementos essenciais do passado permaneceram intactos. Dentre eles, escrevem Roosens e Van de Walle, os mais importantes são "a máxima inclusão e integração do paciente em moldes familiares, a benevolência do contexto social mais amplo em Geel, a aceitação das limitações inerentes do paciente, os fortes laços entre os hóspedes e as famílias que os acolhem, a resiliente lealdade mútua e a arraigada responsabilidade da geração seguinte para com os hóspedes".[2]

Quando estive na cidade, alguns anos atrás, vi hóspedes passeando a pé ou de bicicleta, conversando, trabalhando em lojas. Eu não teria adivinhado que eram hóspedes (exceto por algumas pistas que ocasionais maneirismos ou comportamentos peculiares forneciam), mas meus anfitriões, que trabalhavam no hospital, conheciam cada um deles e puderam identificá-los para mim. No mundo em geral, muitos doentes mentais são isolados, estigmatizados, evitados, temidos, vistos como menos do que humanos. Naquela cidadezinha eles eram respeitados como semelhantes, tratados com afeição e simpatia — pelo menos tanto quanto qualquer outra pessoa.

Quando perguntei a várias famílias que os acolhiam por que recebiam um hóspede assim, elas pareceram confusas. Por que não? Seus pais e avós tinham feito o mesmo; a hospedagem era um modo de vida. Os moradores podem saber que seu vizinho, digamos, é um hóspede com algum tipo de problema mental,

---

[2] Roosens e Van de Walle pertencem a essa comunidade, vivem o cotidiano de Geel. Por isso puderam apresentar dezenove perfis minuciosos de famílias e seus hóspedes, alguns dos quais Roosens observa há décadas. Essas famílias e seus hóspedes abrangem vários tipos de situações, desde as felizes, onde há amor e cuidados mútuos entre hóspedes e hospedeiros, até famílias onde os hóspedes são "difíceis" (os geelienses falam em "bons" hóspedes ou, mais raramente, em hóspedes "difíceis", mas nunca em hóspedes "ruins" ou "loucos") — tão difíceis que a situação de acolhimento desaba. Mesmo em casos de problemas psiquiátricos graves, Roosens salienta, quando "é criada uma relação de carinho mútuo [o que costuma acontecer], os pais adotivos se mostram dispostos a enfrentar muitos incômodos para acolher seu hóspede".

Esses dezenove estudos de caso são exemplares por sua riqueza e detalhamento, e constituem material primário de imenso valor. Junto com o resto do livro, eles refutam decisivamente a ideia de que a doença mental avança e se deteriora de maneira inexorável, e demonstram que, se for possível uma integração efetiva na vida familiar e comunitária (com respaldo de uma rede de segurança que forneça atendimento hospitalar e médico, e medicação se necessária), até mesmo quem parece um doente incurável pode levar uma vida plena, com dignidade e amor.

mas isso não traz nenhum estigma. É apenas um fato da vida, nada de mais, como pertencer ao sexo masculino ou feminino. Roosens e Van de Walle escreveram:

> Para os moradores de Geel, a linha entre "pacientes" e pessoas comuns é inexistente em muitos aspectos. Os preconceitos contra a doença mental, tão vivos no mundo em geral, não são vistos entre os moradores de Geel, pois essas pessoas foram criadas, por muitas gerações, na presença de "pacientes" assim. O que destaca Geel não é a indistinção da fronteira entre normal e anormal, mas o reconhecimento da dignidade humana de cada paciente, a tal ponto que todo dia se dá a eles uma chance para a vida em família e em comunidade.

No começo do século XIX, quando Philippe Pinel, fundador da psiquiatria na França, pediu ao novo governo revolucionário que removesse as correntes que (muitas vezes literalmente) vinham sendo usadas por séculos para prender pessoas insanas, e um sopro humanitário percorreu toda a Europa, essa questão teve em Geel o seu perfeito exemplo. Um lugar como esse poderia ser uma alternativa viável?

Embora Geel seja única, existem outras comunidades residenciais que derivam, historicamente, tanto dos manicômios como das comunidades agrícolas terapêuticas do século XIX, e elas proporcionam programas abrangentes para os poucos doentes mentais que conseguem ser acolhidos nelas. Visitei algumas — entre elas, a Gould Farm, nas montanhas Berkshires [Massachussetts], e a CooperRiis, próximo a Asheville, Carolina do Norte — e vi muito do que era admirável nos antigos manicômios. Em lugares como esses, o abismo apontado por Goffman entre profissionais do hospício e internos foi quase eliminado. Há amizade e trabalho para todos. As vacas têm de ser ordenhadas, o milho tem de ser colhido. Nos jantares comunitários na Gould Farm, muitas vezes não consegui distinguir quem era profissional e quem era interno. É comum internos progredirem e passarem a ser funcionários. Comunidade, companheirismo, oportunidades de trabalhar e criar, respeito pela individualidade de cada pessoa ali presente — essas coisas são combinadas com psicoterapia e com a medicação necessária.

Frequentemente a medicação é reduzida nessas circunstâncias ideais. Muitos pacientes em lugares assim (embora esquizofrenia e depressão maníaca possam ser condições vitalícias) progridem depois de vários meses, ou talvez um ou dois anos, e passam a ter uma vida mais independente, talvez voltando a trabalhar ou estudar, com um grau menor de apoio e aconselhamento contínuos. Muitos levam uma vida plena e satisfatória com poucas recaídas, ou até nenhuma.

Embora o custo dessas instalações residenciais seja considerável — mais de 100 mil dólares por ano (parte disso provém de contribuições das famílias; o resto, de doadores privados) —, é bem menor do que o valor de um ano em um hospital, sem falar nos custos humanos envolvidos. Mas nos Estados Unidos existe apenas um punhado de instalações comparáveis — e elas só podem acolher algumas centenas de pacientes.

Todos os demais — os 99% de doentes mentais com recursos próprios insuficientes — têm de enfrentar tratamento inadequado e uma vida que não consegue atingir seu potencial. Esses milhões de pacientes continuam a ser as pessoas menos apoiadas, menos representadas e mais excluídas da nossa sociedade. No entanto, já foi demonstrado — graças a experiências como CooperRiis e Gould Farm e a pessoas como Elyn Saks — que a esquizofrenia e outras doenças mentais nem sempre estão fadadas a deteriorar de forma inexorável (embora isso possa acontecer); e que, em circunstâncias ideais, e quando há recursos disponíveis, até os indivíduos mais doentes — aqueles que foram relegados a um prognóstico "sem esperança" — podem ser capacitados para ter uma vida satisfatória e produtiva.

A VIDA CONTINUA

TEM ALGUÉM AÍ?

Um dos primeiros livros que li quando garoto foi *Os primeiros homens na Lua*, de H. G. Wells. Os dois homens, Cavor e Bedford, pousam numa cratera aparentemente árida e sem vida pouco antes do amanhecer lunar. Quando o Sol aparece, eles percebem que há uma atmosfera — avistam pequenas lagoas e torvelinhos de água, e em seguida coisinhas redondas espalhadas pelo chão. Uma delas, aquecida pelo Sol, se abre e revela uma nesga verde. "Uma semente", diz Cavor, e então, com imensa ternura: "Vida!". Eles ateiam fogo num pedaço de papel e o atiram sobre a superfície da Lua. O papel fulgura e emite um fio de fumaça, indicando que a atmosfera, embora rarefeita, é rica em oxigênio e pode sustentar vida como eles a conhecem.

Era assim que Wells concebia os requisitos prévios da vida: água, luz solar (uma fonte de energia) e oxigênio. "Uma manhã lunar", oitavo capítulo do livro, foi minha primeira introdução à astrobiologia.[1]

Mesmo na época de Wells, era evidente que a maioria dos planetas do nosso sistema solar não eram lares possíveis para a vida. O único substituto razoável para a Terra era Marte, conhecido como um planeta sólido de bom tamanho, órbita

---

[1] Se Wells imaginou o começo da vida em *Os primeiros homens na Lua*, também imaginou seu fim em *A guerra dos mundos*, no qual os marcianos, diante da crescente dessecação e perda de atmosfera em seu planeta, fazem uma tentativa desesperada de se apossar da Terra (mas acabam perecendo, infectados por bactérias terrestres). Wells, formado em biologia, conhecia muito bem a resistência e a vulnerabilidade da vida.

estável, não muito distante do Sol e, portanto, parecia provável, com temperaturas na superfície numa faixa compatível com a presença de água em estado líquido.

Mas e o gás oxigênio livre — como poderia ocorrer na atmosfera de um planeta? O que impediria que ele fosse absorvido pelo ferro ferroso e por outras substâncias químicas famintas de oxigênio na superfície, a menos que, de algum modo, fosse continuamente bombeado para fora em volumes enormes, suficientes para oxidar todos os minerais da superfície e também manter a atmosfera carregada?

Quem impregnou de oxigênio a atmosfera terrestre só podem ter sido as algas azul-esverdeadas, ou cianobactérias, num processo que levou mais de 1 bilhão de anos. As cianobactérias inventaram a fotossíntese: captando a energia do Sol, eram capazes de combinar dióxido de carbono (abundante na atmosfera da Terra primordial) com água e, assim, criar moléculas complexas — açúcares, carboidratos — que as bactérias podiam então armazenar para extrair energia quando necessário. Esse processo gerava como subproduto o oxigênio livre, um resíduo que determinaria o futuro curso da evolução.

Oxigênio livre na atmosfera de um planeta seria um infalível marcador de vida e, estando presente, seria prontamente detectável no espectro de exoplanetas; contudo, ele não é um pré-requisito para a vida. Afinal de contas, planetas começam sem oxigênio livre e podem permanecer sem ele por toda sua existência. Organismos anaeróbicos fervilhavam antes de haver oxigênio disponível, perfeitamente à vontade na atmosfera da Terra primitiva, convertendo nitrogênio em amônia, enxofre em sulfeto de hidrogênio, dióxido de carbono em formaldeído etc. (Com formaldeído e amônia, as bactérias podiam produzir qualquer composto orgânico de que precisassem.)

É possível que haja planetas em nosso sistema solar e em outras partes que não apresentam atmosfera de oxigênio, mas ainda assim pululam de anaeróbios. E não é preciso que os anaeróbios vivam na superfície do planeta; eles poderiam ser encontrados muito abaixo da superfície, em chaminés ferventes e fumarolas sulfurosas, como hoje na Terra, sem falar nos oceanos e lagos subterrâneos. (Supõe-se existir um oceano sob a superfície em Europa, lua de Júpiter, debaixo de uma capa de gelo com vários quilômetros de espessura, e sua exploração é uma das prioridades astrobiológicas deste século. Curiosamente, Wells, em *Os primeiros homens na Lua*, imagina que a vida teve origem em um mar central no cerne da Lua e depois se propagou para fora até sua periferia inóspita.)

Não se sabe se a vida precisa "avançar", se é necessário que ocorra evolução quando o statu quo é satisfatório. Os braquiópodes, por exemplo, permanecem praticamente inalterados desde que surgiram no período Cambriano, há mais de 500 milhões de anos. Mas parece existir um impulso para que organismos se tornem muito organizados e mais eficientes em conservar energia, ao menos quando as condições ambientais estão mudando com rapidez, como ocorreu antes do Cambriano. Há indícios de que os primeiros anaeróbios primitivos na Terra foram procariotas: células pequenas e simples, apenas citoplasma, em geral delimitadas por uma parede celular, mas com pouca ou talvez nenhuma estrutura interna.

Embora primitivos, os procariotas são organismos muito intricados, dotados de um formidável maquinário genético e metabólico. Até os mais simples produzem mais de quinhentas proteínas, e seu DNA inclui no mínimo meio milhão de pares de bases. Decerto foram precedidos por formas de vida ainda mais primitivas.

Talvez, como aventou o físico Freeman Dyson, tenham existido progenotos capazes de metabolizar, crescer e dividir-se, porém desprovidos de mecanismo genético para uma replicação precisa. E antes deles deve ter havido milhões de anos de evolução prebiótica puramente química — a síntese, ao longo de eras, de formaldeído e cianeto, de aminoácidos e peptídeos, de proteínas e moléculas autorreplicantes. Talvez essa química tenha ocorrido nas minúsculas vesículas, ou glóbulos, que se desenvolvem quando fluidos em temperaturas muito diversas se encontram, como pode muito bem ter acontecido ao redor das ferventes chaminés meso-oceânicas do mar do Arqueano.

Contudo, gradualmente — e o processo ocorreu com lentidão glacial — os procariotas tornaram-se mais complexos, adquirindo estrutura interna, núcleos, mitocôndrias etc. A microbióloga Lynn Margulis aventou que esses complexos eucariotas, como passaram a ser chamados, surgiram quando procariotas começaram a incorporar outros procariotas no interior de suas células. De início, os organismos incorporados tornaram-se simbióticos, e mais tarde passaram a funcionar como organelas essenciais a seus hospedeiros, permitindo que os organismos resultantes utilizassem o que originalmente fora um veneno terrível: oxigênio.

As duas mudanças evolucionárias preeminentes nos primórdios da história da vida na Terra — de procariotas para eucariotas, de anaeróbios para aeróbios — levaram quase 2 bilhões de anos. E, depois, foi preciso outro bilhão de anos até que a vida se elevasse acima do nível microscópico e surgissem os primeiros organismos multicelulares. Portanto, se a história da Terra servir como base para comparação, não devemos ter esperança de encontrar vida superior em um planeta ainda jovem. Mesmo que ela surja e tudo vá bem, podem ser precisos bilhões de anos para que processos evolucionários alcancem o estágio multicelular.

Além do mais, todos esses "estágios" da evolução — incluindo a evolução de seres conscientes inteligentes a partir das primeiras formas multicelulares — podem ter ocorrido apesar de ínfimas probabilidades, como aventaram Stephen Jay Gould e Richard Dawkins, cada um a seu modo. Gould diz que a vida é um "glorioso acidente"; Dawkins compara a evolução a uma "escalada do Monte Improvável". E, uma vez iniciada, a vida fica sujeita a todo tipo de vicissitude: de meteoros e erupções vulcânicas até superaquecimento e resfriamento global; de impasses evolucionários até misteriosas extinções em massa; e por fim (se as coisas chegarem tão longe), fica sujeita às nefastas propensões de uma espécie como a nossa.

Existem microfósseis em algumas das rochas mais antigas da Terra, rochas de mais de 3,5 bilhões de anos. Portanto, há de ter surgido vida dentro de 100 milhões ou 200 milhões de anos depois que a Terra se resfriou o bastante para que a água se tornasse líquida. Essa transformação assombrosamente rápida nos leva a pensar que a vida talvez possa se desenvolver de pronto, talvez de modo inevitável, na presença de condições físicas e químicas certas.

Mas podemos falar com certeza em planetas "similares à Terra" ou será que nosso planeta é único nos aspectos físicos, químicos e geológicos? E mesmo se houver outros "habitáveis", quais as probabilidades de que surja vida, com seus milhares de coincidências e contingências físicas e químicas?

Nessa questão, as opiniões não poderiam ser mais variadas. O bioquímico Jacques Monod supôs que a vida era um acidente fantasticamente improvável: que era improvável ter surgido em qualquer outra parte do universo. Em seu *O acaso e a necessidade*, escreveu: "O universo não estava prenhe de vida". Outro bioquímico, Christian de Duve, discorda; para ele, a origem da vida é determinada por grande número de passos, a maioria com "alta probabilidade de ocorrer nas condições prevalecentes". Duve acredita, inclusive, que existe não só vida unicelular em todo o universo, mas também vida inteligente complexa em trilhões de planetas. Como nos posicionar entre essas duas posições opostas mas teoricamente defensáveis?

Na verdade, pode ser que a vida na Terra tenha se originado em outra parte. Sabemos, devido às amostras trazidas pelas missões Apollo, que na Lua existem, em quantidades consideráveis, antiquíssimos meteoros terrestres e marcianos. Deve haver milhares de meteoritos marcianos na Terra. Lorde Kelvin falou, em 1871, em "pedras meteoríticas portadoras de sementes", e a noção de esporos livres à deriva no espaço semeando vida em outros planetas ("panspermia") foi postulada pelo químico sueco Svante Arrhenius alguns anos depois (uma ideia revivida no século xx por Francis Crick e Leslie Orgel, e também por

Fred Hoyle); essa ideia foi considerada implausível por mais de um século, mas agora está novamente em discussão. É evidente, por enquanto, que o interior de meteoros de bom tamanho não se aquece a temperaturas esterilizantes, e que esporos bacterianos ou outras formas resistentes poderiam, em princípio, sobreviver dentro deles, protegidas pelo corpo do meteoro não só do calor, mas também de radiações letais à vida. Meteoros arrojavam-se em todas as direções no período do Bombardeio Pesado, 4 milhões de anos atrás. Com isso, nacos da Terra foram sem dúvida ejetados no espaço, assim como de Marte e de Vênus — dois planetas que, naquela época, talvez fossem mais hospitaleiros à vida do que a própria Terra.

O imprescindível é termos evidências inquestionáveis de vida em outro planeta ou corpo celeste. Marte é o candidato óbvio: já foi úmido e quente, com lagos e chaminés hidrotermais e, talvez, depósitos de argila e minério de ferro. É nesses lugares em especial que devemos procurar e, caso as evidências digam que já existiu vida em Marte, será crucial sabermos se ela teve origem ali ou se foi transportada (o que teria sido possível com facilidade) da Terra jovem, vulcânica e prolífica. Se pudermos determinar que a vida se originou independentemente em Marte (por exemplo, se o planeta já tiver contido nucleotídeos de DNA diferentes dos nossos), teremos feito uma descoberta sensacional — uma descoberta que alterará a nossa visão do universo e nos capacitará para vê-lo, na definição do físico Paul Davies, como "bioamigável". Isso nos ajudaria a avaliar a probabilidade de encontrar vida em outras partes, em vez de ficarmos chutando em um vácuo de dados, perdidos entre os dois polos de inevitabilidade e singularidade.

Faz poucas décadas que descobrimos vida em lugares antes inesperados do nosso planeta, como as chaminés negras ricas em vida nas profundezas do oceano, onde organismos prosperam em condições que outrora os biólogos teriam descartado como absolutamente letais. A vida é muito mais robusta, muito mais resiliente do que pensávamos. Hoje me parece bem possível que venham a ser encontrados microrganismos ou vestígios deles em Marte, e talvez em alguns dos satélites de Júpiter e Saturno.

Parece muito menos provável — muitas ordens de magnitude menos provável — que encontremos evidências de formas de vida inteligentes, de ordem superior, pelo menos em nosso sistema solar. Mas quem sabe? Considerando a vastidão e a idade do universo como um todo, as inúmeras estrelas e planetas que ele sem dúvida contém e nossas incertezas radicais quanto à origem e à evolução da vida, essa possibilidade não pode ser descartada. E embora o ritmo dos processos evolucionários e químicos seja tremendamente lento, o do progresso tecnológico é tremendamente rápido. Quem há de saber (se a humanidade sobreviver) do que poderemos ser capazes, ou o que poderemos descobrir, nos próximos mil anos?

Eu, como não posso esperar, recorro de vez em quando à ficção científica — e, não raro, volto ao meu favorito, Wells. Embora tenha sido escrito cem anos atrás, "Uma manhã lunar" tem o frescor de um novo amanhecer, e para mim ainda é, como quando o li pela primeira vez, a mais poética evocação de como poderá ser quando, enfim, encontrarmos vida extraterrestre.

CLUPEOFILIA

Quem estivesse no 16º andar do Roger Smith Hotel, no centro de Manhattan, às 17h45 de uma tarde de junho recente, veria um grupo insólito de pessoas no corredor: um operário da construção civil do Brooklyn, um professor de matemática de Princeton, um casal de Aruba, um pai com um bebê preso por uma faixa a seu peito e um artista do Lower East Side. Não seria fácil conjecturar o que reunira ali aquela porção aparentemente aleatória da humanidade. Mas se o observador tivesse subido pelo elevador de serviço, um aroma inconfundível lhe teria dado uma pista vital. Às 17h59, havia quase sessenta pessoas no saguão.

Às seis da tarde, as portas do evento se abriram e a multidão entrou afobada. No meio da sala, iluminado, adornado, encimado por um cintilante bloco de gelo, havia um altar: um altar coberto por centenas de arenques frescos, os primeiros da temporada, que tinham acabado de chegar da Holanda de avião. Era um altar consagrado a Clupeus, o deus do arenque, cujo festival anual é celebrado no fim da primavera por apreciadores de arenques do mundo todo.

Há livros inteiros sobre bacalhau, enguia, atum, mas são relativamente poucos os textos publicados sobre o arenque. (Há uma obra deliciosa de Mike Smylie, *Herring: A History of the Silver Darlings* [Arenque: Uma história dos prediletos prateados], e um capítulo fascinante em *Os anéis de Saturno* [de W. G. Sebald].) No entanto, o arenque tem um papel importante na história humana. Na Idade Média, a Liga Hanseática era criteriosa ao classificar esses peixes e determinava seu preço; e o arenque sustentava a pesca nos mares Báltico e do Norte — e, mais tarde, na Terra Nova e na Costa do Pacífico. Trata-se de um dos peixes mais comuns, baratos e deliciosos do planeta — que pode ser preparado de uma infinidade de modos: marinado, em conserva, salgado, fermentado, defumado ou, como no caso do requintado Hollandse Nieuwe, degustado diretamente do mar. Além disso, está entre os peixes mais saudáveis, rico em óleos ômega-3 e sem o mercúrio que se acumula nos grandes predadores como o atum e o peixe-espada. Alguns anos atrás, a pessoa mais velha do mundo, uma holandesa de 114 anos, atribuiu sua longevidade ao hábito de comer arenque em conserva todos os dias. (Já uma texana de 114 anos atribuiu sua longevidade a "cuidar da própria vida".)

Existem muitas espécies de clupeídeos, de tamanhos e sabores variados, desde o arenque encontrado no Atlântico (*Clupea harengus*) até a sardinha (muito apreciada na Inglaterra e com frequência servida com molho de tomate), além do minúsculo aliche, que é melhor comer defumado, com espinhas e tudo. Quando eu era pequeno, na Inglaterra dos anos 1930, comíamos arenque praticamente todos os dias: arenque defumado (inteiro ou em pedaços) no café da manhã, talvez torta de arenque no almoço (o prato favorito da minha mãe), ova de arenque frita com torrada no lanche, arenque em postas no jantar. Mas os tempos são outros, não se serve mais esse peixe em todas as mesas no desjejum e no jantar, e só em ocasiões especiais, jubilosas, nós, clupeófilos, podemos nos reunir para um verdadeiro banquete de arenque.

As ilustres tradições do arenque são mantidas pelo empório Russ & Daughters, na rua Houston, que começou como um carrinho de ambulante no Lower East Side há quase um século e ainda vende a maior variedade de arenques em Nova York. Foi o Russ & Daughters quem organizou o festival recente.

Certas paixões — podermos chamá-las de paixões inocentes, ingênuas — são grandes democratizadoras. Beisebol, música e observação de pássaros nos vêm logo à mente. No festival do arenque, ninguém conversou sobre o mercado de ações nem sobre celebridades. Todo mundo foi lá para comer peixes — para saboreá-los, compará-los. Em sua forma mais pura, isso significa pegar o arenque novo pela cauda e levá-lo com delicadeza à boca. A sensação é voluptuosa, especialmente quando ele desliza garganta abaixo.

Os convidados começaram pela grande mesa central, o altar coberto com arenques frescos; remataram com aquavite e então passaram às mesas satélites, onde havia arenque *matje*, arenque com molho de vinho, arenque com creme de leite, arenque Bismarck, arenque com molho de mostarda, arenque com molho de caril e gordos arenques "*schmaltz*" fresquinhos da Islândia. Gorduroso e conservado em salmoura, o arenque *schmaltz* pode durar vinte anos; pescado no Báltico, ele foi um alimento básico (junto com pão de centeio, batata e couve) dos judeus pobres em todo o Leste Europeu. Para meu pai, nascido na Lituânia, nada se comparava ao arenque *schmaltz*, que ele comeu todos os dias de sua vida.

Por volta das oito da noite, após duas horas comendo e bebendo, o ritmo arrefeceu. Lentamente, os aficionados do arenque deixaram o hotel, ainda discutindo pelo caminho seus preparos favoritos. Passearam pela avenida Lexington. Não há que se apressar depois de um banquete desses; aliás, toda a nossa perspectiva do mundo muda. Alguns de nós, os nova-iorquinos, voltaremos a nos encontrar no Russ & Daughters. Mas os outros, depois do sono profundo do consumado apreciador de arenque, começarão a contar os dias para o festival do ano que vem.

DE VOLTA A COLORADO SPRINGS

O motorista da limusine que veio me pegar no aeroporto de Colorado Springs e está me levando para o hotel Broadmoor — não sei nada sobre o lugar, mas o homem pronuncia o nome com assombro ou reverência — pergunta: "Já esteve lá?". Não, respondo, a última vez que vim a Colorado Springs foi em 1960, quando eu estava cruzando o país de motocicleta, com um saco de dormir às costas. Ele digere a informação. "Coisa fina demais, o Broadmoor", diz por fim.

É, de fato — todos os seus 1200 hectares —, uma espécie de Castelo Hearst, com lago, três campos de golfe, camas com falso dossel e lacaios, simpáticos homens e mulheres treinados para prever cada um de nossos desejos e ações, puxar a cadeira para nós, abrir as portas, oferecer sugestões para o jantar. Eu me pergunto até onde irá essa obsequiosidade exagerada. Será que um desses prestativos auxiliares uniformizados se apressaria a botar um lenço de papel debaixo do meu nariz se me visse prestes a espirrar? Fico constrangido com tanto mimo, preferiria cuidar da minha vida sozinho, abrir eu mesmo as portas, puxar a cadeira para me sentar, assoar meu próprio nariz.

Mais tarde estou sentado ao ar livre, no terraço de um dos muitos restaurantes do Broadmoor — este é informal, me disseram, serve apenas comida "simples" de lanchonete. Contemplo o topo nevado do monte Cheyenne e o lindo céu límpido das montanhas enquanto como um sanduíche de frango do tamanho da minha cabeça; um avião sobe quase na vertical e traça um rasto duplo no ar. Imagino que possa ser da Academia da Força Aérea dos Estados Unidos, que fica aqui perto — não há dúvida de que nenhuma aeronave civil poderia ascender dessa maneira. Recuo a 1960-1, quando percorri o país de moto e fiz uma visita especial à nova capela da academia, que, com seus teatrais contornos triangulares, parecia decolar em direção ao firmamento. Eu tinha 27 anos. Havia chegado à América alguns meses antes e comecei viajando de carona pelo Canadá, depois segui para o sul até a Califórnia, que era minha paixão desde os tempos de colegial de quinze anos na Londres do pós-guerra. A Califórnia era John Muir, a floresta Muir, o Vale da Morte, Yosemite, as imponentes paisagens de Ansel Adams, as pinturas líricas de Albert Bierstadt. Eu pensava em biologia marinha, em Monterey e em "Doc", o fascinante biólogo marinho do romance *A rua das ilusões perdidas* [de John Steinbeck].

Para mim, os Estados Unidos não representavam apenas a vastidão física, mas também receptividade e amplidão moral. Na Inglaterra, éramos classificados assim que abríamos a boca — proletário, classe média, classe alta — e não nos misturávamos, não nos sentíamos à vontade com pessoas de outro ranque. O sistema, embora implícito, ainda assim era rígido, tão intransponível quanto as castas na Índia. Eu imaginava os Estados Unidos como uma sociedade sem classes, um lugar onde cada pessoa, independentemente de berço, cor, religião, educação ou profissão, podia conviver com outras como seus semelhantes humanos, seus irmãos do mundo animal, um lugar onde um catedrático podia conversar com um motorista de caminhão sem a interferência de suas posições.

Eu tivera um gostinho, um vislumbre dessa democracia, dessa igualdade, quando perambulei pela Inglaterra de motocicleta nos anos 1950. Mesmo naquele país empertigado, as motos pareciam contornar barreiras, inspirar uma espécie de descontração social e cordialidade. "Bela máquina", alguém dizia, e a conversa deslanchava. Eu tinha visto isso na infância, quando meu pai tinha uma moto (com um carrinho de passageiro acoplado, onde ele me levava), e tornei a ver quando comprei a minha. Os motociclistas eram um grupo amistoso; acenávamos uns para os outros quando nos víamos, puxávamos conversa facilmente se nos encontrávamos numa lanchonete. Formávamos uma espécie de sociedade romântica, sem classes, dentro da sociedade como um todo.

Cheguei a San Francisco em 1960 com um visto temporário, trazendo praticamente as roupas do corpo. Precisava esperar oito meses até obter o *green card* e começar a residência em um hospital da cidade, e nesse meio-tempo eu queria ver o país inteiro — da maneira mais real, direta e sem blindagem possível. E o modo de fazer isso, eu pensava, era de motocicleta. Fiz um empréstimo, comprei uma velha BMW e parti, com um saco de dormir e meia dúzia de cadernos em branco, para encontrar a vastidão americana. Comecei pela Rota 66 e atravessei a Califórnia, o Arizona, o Colorado... E foi assim que me vi, no começo de 1961, diante da Academia da Força Aérea.

A academia era povoada de jovens cadetes idealistas, todos heróis a meus olhos impressionáveis. Meses antes eu me apresentara à Força Aérea Real do Canadá como voluntário, mas eles me queriam como fisiologista pesquisador, e eu queria voar. Voar, para mim, ainda tinha uma espécie de encanto. Os aviadores eram os motociclistas do ar, com seus óculos de proteção e suas pesadas jaquetas de couro, gozando êxtases, enfrentando perigos, como Saint-Exupéry (e talvez, como ele, fadados a morrer jovens).

Por isso eu me identificava com os jovens cadetes — sua juventude, aspirações, otimismo, idealismo. Foi uma parte essencial da minha visão primordial dos Estados Unidos, o primeiro encontro encantado com a região, quando eu ainda estava apaixonado pelo país com o qual havia sonhado: uma América de imensos espaços, montanhas e desfiladeiros — jovem, inocente, franca, forte, aberta, como a Europa deixara de ser fazia muito tempo — e, por uma feliz coincidência, com um incrível presidente jovem no leme.

Eu logo me desencantaria, teria desilusões em muitas frentes. A morte de Kennedy foi uma dor quase pessoal. Mas naquele dia de primavera em 1961, quando eu tinha 27 anos e era puro vigor, esperança e otimismo — naquele dia, a visão de Colorado Springs e da Academia da Força Aérea fez meu coração exultar, bater forte de alegria e orgulho.

Agora me dou conta do absurdo e do ridículo daquele sentimento (mas ninguém deve ser condescendente com seu eu mais
novo), 43 anos depois, sentado neste suntuoso Éden falso. Mudo
ligeiramente de posição na cadeira, e o garçom, telepático, me
traz outra cerveja.

BOTÂNICOS NA PARK

Os nova-iorquinos são capazes de incontáveis esquisitices nas manhãs de sábado. Pelo menos é o que os motoristas devem ter pensado recentemente, quando precisaram diminuir a velocidade para evitar a fileira de umas dez pessoas grudadas no enorme paredão da linha férrea na Park Avenue, espiando com lupas e monóculos o interior de minúsculas gretas na rocha. Circunstantes olhavam, faziam perguntas e até fotografavam. Policiais paravam e observavam, desconfiados ou perplexos — até verem as camisetas que muitos de nós vestíamos, estampadas com dizeres como "Associação Americana das Samambaias" ou "Samambaias são sensacionais". Estávamos ali para um encontro da Associação Americana das Samambaias (AAS), que, em conjunto com a Associação Botânica de Torrey, promovia uma de suas tradicionais excursões para observar samambaias nas manhãs de sábado, as chamadas Fern Forays. Esses passeios, que vêm acontecendo há mais de um século, em geral ocorrem em lugares mais bucólicos, mas dessa vez nosso objetivo se limitava ao viaduto da Park Avenue: com suas fissuras e argamassa esfarelenta, é perfeito para observar samambaias xerófitas que adoram frestas — essas espécies, em contraste com a maioria, conseguem suportar longos períodos ressecadas e voltam à vida depois de uma boa chuva.

A AAS é uma associação de amadores fundada na era vitoriana, época de amadores e naturalistas. Darwin é nosso ícone. Entre nós há um poeta, dois professores de ensino fundamental, um mecânico de automóveis, um neurologista, um urologista e vários outros profissionais. Temos de vinte a oitenta anos, e há um razoável equilíbrio no quesito gênero. Naquela manhã, além de nós, pteridófilos, havia um casal jovem de briófilos da Associação Botânica de Torrey — grupo de botânicos e amadores fundado nos anos 1860, poucos anos antes da AAS. Eles haviam "se dignado" a se juntar ao pessoal das samambaias: seus interesses principais são os musgos, hepáticas e liquens. Para eles, as samambaias são modernas demais, muito avançadas evolucionariamente, do mesmo modo que as plantas floríferas o são para o resto de nós.

Muita gente considera as samambaias plantas delicadas que gostam de umidade, o que é verdade para muitas delas. Mas outras estão entre as plantas mais resistentes do planeta. Samambaias serão invariavelmente as primeiras a brotar em um novo fluxo de lava, por exemplo. A atmosfera do planeta contém esporos dessa planta em profusão. A *Woodsia obtusa*, a samambaia básica no paredão da Park Avenue, possui 64 esporos em cada esporângio e milhares de esporângios na parte inferior das frondes de cada planta; portanto, cada espécime pode ter 1 milhão de esporos, ou talvez mais. Se um desses pousar num lugar conveniente, poderemos constatar que as samambaias são as grandes oportunistas do mundo vegetal. Inclusive, encontramos no registro fóssil o chamado "pico de samambaias", indicando que, depois que a maioria das plantas e dos animais terrestres do planeta foram aniquilados na grande extinção de fins do período Cretáceo, a vida irrompeu de novo em forma de samambaias.

Naquela manhã, os líderes eram Michael Sundue, um jovem botânico especialista em samambaias do Jardim Botânico de Nova York, e a ilustradora especializada Elisabeth Griggs. Começamos pela margem oeste do paredão — de manhã, ela fica na sombra — e fomos subindo pela Park Avenue, na contramão do tráfego. "Venha viver perigosamente na botânica", dizia o convite para a Fern Foray.

"Um habitat ideal para gametófitos", disse Sundue. "Minúsculos riachos de água descem devagarinho depois de uma chuva e dissolvem a argamassa, produzindo um meio ideal para a *Woodsia obtusa*, que é tolerante à cal." Sundue descobriu um pequenino gametófito em formato de coração numa camada de musgo. Não tinha frondes e não se parecia com uma samambaia. Lembrava uma hepática, festejou o casal briologista; no entanto, trata-se de um estágio intermediário crucial no ciclo reprodutivo das samambaias. O gametófito possui órgãos masculinos e femininos na superfície e, quando fertilizado, dele brotam duas minúsculas frondes, a nova samambaia. Sundue mostrou, em uma *Woodsia* adulta, os indúsios, estruturazinhas em feitio de guarda-chuva que cobrem os esporângios. Quando chega a hora de os esporângios espalharem seus esporos, eles ativam um engenhoso mecanismo que catapulta os esporos na brisa — que se deslocam suspensos no ar, talvez por quilômetros. Se pousarem em algum lugar úmido e apropriado, desenvolvem-se, transformam-se em gametófitos e o ciclo prossegue.

Bem acima de sua cabeça, Sundue avistou um gigantesco espécime de *Woodsia* de quase dois metros de largura, pendente da rocha. "Aquele ali tem idade avançada", ele disse. "Décadas — algumas espécies podem ser muito longevas." Quando lhe perguntaram se as samambaias acusam sinais da idade, ele hesitou; não se sabe muito bem. Uma samambaia tende a continuar crescendo até esgotar sua fonte de alimento, ser superada por concorrentes ou (como ocorrerá cedo ou tarde com aquela *Woodsia*) se tornar tão pesada a ponto de despencar. Em alguns jardins botânicos existem samambaias enormes de mais de cem anos. A morte dessas plantas não é programada como a nossa, formas de vida mais especializadas, com os relógios implacáveis dos nossos telômeros, nossa propensão a mutações, nossos metabolismos declinantes. Já a juventude é evidente, mesmo em samambaias. As *Woodsia* jovens são encantadoras: um verde-vivo de primavera, pequeninas como dedinhos dos pés de bebês, muito macias e vulneráveis.

Não havia nada além das *Woodsia* entre as ruas 93 e 104, mas, quando fomos para o quarteirão seguinte, avistamos uma *Thelypteris palustris*, a samambaia do pântano, só que ali em um ambiente nada brejoso. Pendia de uma parede a cerca de dois metros e meio do chão. Sundue deu um salto acrobático e puxou uma fronde para baixo. Um a um, nós a examinamos com lentes de alta potência e usamos canivetes suíços para dissecar seus feixes vasculares.

Uma das mulheres do grupo dos apreciadores de angiospermas da Associação Torrey avistou uma planta florífera perto da *Thelypteris*. Exsudava uma resina branca viscosa. "*Lactuca*, tem afinidade com a alface", ela disse. Essa palavra me lembrou os tempos de biologia marinha e estimulou uma súbita memória da *Ulva lactuca*, a alga marinha comestível que muitos chamam de alface-do-mar. Pensei também na palavra "lactucarium" (que o *Oxford English Dictionary* define como uma "seiva insípida de vários tipos de alface usada como medicamento").

Todos esses nomes são irresistíveis, e o seguinte me pareceu inquestionavelmente neurológico: *Asplenium platyneuron*, planta conhecida como asplênio-de-ébano; samambaias dessa espécie cobriam densamente o paredão entre a 104 e a 105. Sundue disse que elas já foram muito mais raras nessa área, mas que agora estão se alastrando para o norte e o leste. Às vezes as plantas migram porque se criou um habitat favorável. Em Nova York, as rochas tendem a ser ácidas, hostis a essas samambaias afeitas a meios alcalinos, embora estruturas artificiais feitas com argamassa possam ser um refúgio para plantas que gostam de cal. Acontece que o paredão da Park Avenue foi erguido no século XIX, muito antes de a *Asplenium* supostamente ter começado a se propagar. Talvez haja alguma fonte local de calor (cidades são cheias de ilhas térmicas inesperadas), talvez seja mais um sinal de aquecimento global — ou as duas coisas.

Entre a 105 e a 106, encontramos a *Onoclea sensibilis*, a "samambaia sensível". Parecia muito seca. Não estava passando bem, e eu, compadecido, dei-lhe de beber da minha garrafa de água. Se eu regasse regularmente todas aquelas *Onocleas* ali, Sundue disse, elas passariam a ser a espécie dominante e alterariam por completo a ecologia do paredão.

Vimos então outra samambaia de nome esplêndido, a *Pellaea atropurpurea*. Algumas plantas, as que estavam na sombra mais densa, eram azul-escuras, quase índigo, beirando o roxo. Nenhum de nós sabia a razão disso. Será que o azul é apenas uma cutícula cerosa ou será uma cor resultante de difração, como o azul-metálico que vemos nas asas de algumas borboletas e aves? Certas samambaias adquirem um tom azul-iridescente graças a uma estratégia que evoluiu de modo a permitir maior absorção de luz. Será que essa *Pellaea* voltaria a ser verde sob luz forte? Colhemos algumas para levar para casa e fazer experimentos com diferentes luminosidades.

O quarteirão entre as ruas 109 e 110 foi o mais rico até então. Ali — e em nenhum outro lugar — a favorita de Griggs, *Cystopteris tenuis*, cresce junto com a notável "samambaia andante", a *Asplenium Rhyzophyllum*, que parece projetar novos membros como um gibão braquiador, ganhando radículas a intervalos e, assim, percorrendo grandes trechos de pedra.

E então, de súbito, curiosamente, na 110 não vimos mais samambaias. A partir daquele ponto na direção norte era só desolação, como se alguém tivesse decidido erradicar os sinais de vida criptogâmica. Ninguém sabia o motivo, mas tratamos de atravessar para o lado ensolarado do paredão e recomeçar nossa exploração rumo ao sul.

SAUDAÇÕES DA ILHA DA ESTABILIDADE

No começo de 2004, a descoberta de dois novos elementos — 113 e 115 — foi anunciada por um grupo de cientistas russos e americanos. Anúncios desse tipo têm alguma coisa que eleva o espírito, emociona, evoca pensamentos sobre a descoberta de novas terras, a revelação de novas áreas da natureza. Só no fim do século XVIII definiu-se com clareza a ideia moderna de "elemento" como uma substância que não podia ser decomposta por nenhum meio químico. Nas primeiras décadas do século XIX, Humphry Davy, o equivalente, na química, de um caçador de animais grandes, eletrizou os cientistas e o público leigo isolando o potássio, o sódio, o cálcio, o estrôncio, o bário e alguns outros elementos. Nos cem anos seguintes vieram descobertas em profusão, e muitas delas estimularam a imaginação do público em geral; e quando, nos anos 1890, foram descobertos cinco novos elementos na atmosfera, eles logo entraram para os romances de H. G. Wells — o argônio empregado pelos marcianos em *A guerra dos mundos*, e o hélio usado na produção da matéria antigravitacional que transportou os heróis de *Os primeiros homens na Lua*.

O último elemento que ocorre naturalmente, o rênio, foi descoberto em 1925. E então, em 1937, houve algo tão emocionante quanto: o anúncio de que um novo elemento tinha sido *criado* — um que parecia inexistir na natureza. Esse elemento, o de número 43, foi chamado de "tecnécio" para ressaltar que ele era produto da tecnologia humana.

Pensava-se que havia apenas 92 elementos, terminando no urânio, cujo enorme núcleo atômico continha nada menos do que

92 prótons, junto com um número consideravelmente maior de partículas neutras (os nêutrons). Mas por que esse deveria ser o fim da linha? Seria possível criarmos elementos além do urânio, mesmo se eles não existissem na natureza? Em 1940, quando Glenn T. Seaborg e seus colegas do Laboratório Nacional Lawrence Berkeley, na Califórnia, conseguiram produzir um novo elemento com 94 prótons em seu grande núcleo, não podiam imaginar que seria possível obter alguma coisa ainda maior, por isso batizaram seu novo elemento de *"ultimium"* (mais tarde, ele seria renomeado como plutônio).

Podemos presumir que a razão de esses elementos com núcleos atômicos enormes não existirem na natureza era serem muito instáveis: com prótons cada vez mais numerosos repelindo-se uns aos outros, o núcleo tendia à fissão espontânea. De fato, quando Seaborg e seus colegas procuraram criar elementos cada vez mais pesados (fizeram outros nove ao longo dos vinte anos seguintes, e hoje o elemento 106 é chamado de seabórgio em sua homenagem), constataram que os recém-criados eram cada vez mais instáveis e que alguns se desintegravam microssegundos depois de terem sido produzidos. Parecia haver boas razões para supor que nunca se poderia ir além do elemento 108 — que esse seria o *"ultimium"* absoluto.

Então, em fins dos anos 1960, surgiu um conceito novo e radical de núcleo: a noção de que seus prótons e nêutrons se dispunham em "camadas" (como as "camadas" de elétrons que rodopiavam em torno do núcleo). Supôs-se que a estabilidade do núcleo de um átomo dependia do preenchimento dessas camadas nucleares, do mesmo modo que a estabilidade química dos átomos dependia do preenchimento de suas camadas eletrônicas. Calculou-se que o número ideal (ou "mágico") de prótons necessários para preencher essa camada nuclear seria 114, e que o número ideal de nêutrons seria 184. Um núcleo com esses dois números, um núcleo "duplamente mágico", poderia ser bastante estável apesar de seu tamanho enorme.

Essa ideia era assombrosa, paradoxal — tão estranha e

empolgante quanto a dos buracos negros ou da energia escura. Induziu até cientistas comedidos como Seaborg a apelar para uma linguagem alegórica. Ele então falou em um mar de instabilidade — os elementos cada vez mais, por vezes incrivelmente, instáveis do 101 ao 111 — que precisaríamos, de algum modo, "pular" para um dia chegar ao que ele chamava de ilha de estabilidade (uma ilha alongada que se estendia dos elementos 112 a 118, mas tinha em seu centro o isótopo "duplamente mágico" de número 114). O termo "mágico" era usado o tempo todo — Seaborg e outros falaram em uma cordilheira mágica, uma montanha mágica, uma ilha mágica de elementos.

Essa visão acabou por dominar a imaginação de físicos do mundo todo. Fosse ou não importante para a ciência, tornou-se um imperativo psicológico alcançar, ou pelo menos avistar, tal território mágico. Havia também sugestões de outras alegorias — a ilha de instabilidade podia ser vista como um reino às avessas, como em *Alice no País das Maravilhas*, onde estrambóticos átomos gigantes levavam vidas estranhas. Ou, em uma visão mais melancólica, a ilha de estabilidade podia ser imaginada como uma espécie de Ítaca, onde o viajante atômico, após décadas de tribulações no mar da instabilidade, poderia chegar a um porto final.

Não se pouparam esforços nem despesas nessa empreitada. Os colossais despedaçadores de partículas, os colisores de partículas de Berkeley, Dubna e Damstadt, foram todos mobilizados na busca, e muitos profissionais brilhantes devotaram a vida ao projeto. Finalmente, em 1998, depois de mais de trinta anos, a trabalheira compensou. Cientistas chegaram às remotas praias da ilha: conseguiram criar um isótopo de número 114, embora com nove nêutrons a menos do que o número mágico. (Quando conheci Glenn Seaborg, em dezembro de 1997, ele disse que um dos seus sonhos mais antigos e mais caros era ver um desses elementos mágicos; porém, lamentavelmente, quando a criação do 114 foi anunciada, em 1999, ele estava incapacitado por um AVC, e talvez nunca tenha sabido que seu sonho havia se realizado.)

Como os elementos dos grupos verticais da tabela periódica são análogos entre si, podemos dizer com confiança que um dos novos elementos, o 113, é um análogo mais pesado do elemento 81, o tálio. Este, um metal pesado, macio e parecido com o chumbo, é um dos elementos mais peculiares, com propriedades químicas tão insólitas e contraditórias que os químicos mais antigos não sabiam como situá-lo na tabela periódica. Já foi chamado de o ornitorrinco dos elementos. Será o novo análogo mais pesado do tálio, o "supertálio", assim tão estranho?

Nessa mesma linha, o outro novo elemento, número 115, com certeza será um análogo mais pesado do elemento 83, o bismuto. Neste momento em que escrevo, tenho diante de mim um pedaço de bismuto, prismático e com terraços como uma miniatura de aldeia hopi, cintilante de cores iridescentes da oxidação, e só posso me perguntar se o "superbismuto", se pudesse ser obtido em nacos grandes, seria assim tão bonito, ou talvez até mais.

E talvez seja possível obter mais do que alguns átomos desses elementos superpesados, pois eles podem ter meia-vida de muitos anos, em contraste com os elementos precedentes, que desaparecem em frações de segundos. Os átomos do elemento 111, o mais pesado análogo do ouro, se desintegram em menos de um milésimo de segundo, e é difícil ter mais do que um ou a um só tempo, por isso talvez jamais possamos esperar ver como seria o "superouro". Mas se conseguirmos criar isótopos do 113, 114 (superchumbo) e 115, que talvez tenham meia-vida de anos ou séculos, teremos três novos metais imensamente densos e estranhos.

É claro que só podemos supor as propriedades que os elementos 113 e 115 possuiriam. Não é possível dizer de antemão qual será o uso prático ou as implicações científicas de alguma coisa. Quem imaginaria que o germânio — um obscuro "semimetal" descoberto nos anos 1880 — se revelaria crucial para a criação dos transistores? Ou que elementos como o neodímio e o samário, por um século considerados meras curiosidades, viriam a ser essenciais para a produção de magnetos de potência sem precedentes?

Em certo sentido, questões assim não vêm ao caso. Buscamos uma ilha de estabilidade porque, como o monte Everest, ela está lá. Porém, como no caso do Everest, emoções intensas também impelem a pesquisa científica a testar uma hipótese. A busca pela ilha mágica nos mostra que a ciência está longe de ser fria e calculista, como muitos imaginam, e é impregnada de paixão, ânsia e fascínio.

LETRAS MIÚDAS

Um livro meu acaba de ser publicado, mas não posso lê-lo porque, como milhões de outras pessoas, tenho a visão comprometida. Preciso de lupa, e a leitura fica desajeitada e lenta porque o campo é restrito e não consigo ver de relance uma linha inteira, muito menos um parágrafo. O que preciso mesmo é de uma edição com letras grandes, que eu possa ler (na cama ou na banheira, onde mais leio) como qualquer outro livro. Alguns dos meus livros mais antigos foram publicados em edições de letras grandes, algo inestimável quando me convidavam para fazer leituras públicas. Agora me dizem que a versão impressa é "desnecessária": temos e-books, que nos permitem ampliar à vontade o tamanho das letras.

Mas não quero um Kindle, um Nook ou um iPad, que podem cair na banheira ou quebrar e cujos controles eu só poderia enxergar com uma lupa. Quero um livro de verdade, feito em papel, impresso — um livro com peso, com cheiro de livro, como foram por 550 anos, um livro que eu possa enfiar no bolso ou guardar com seus colegas nas minhas estantes, onde meus olhos possam cair sobre ele em momentos inesperados.

Quando eu era menino, alguns de meus parentes idosos e também um primo jovem que enxergava mal usavam lente de aumento para ler. O advento de livros com letras grandes nos anos 1960 foi uma dádiva para eles e para todos os leitores com problemas graves de visão. Surgiram editoras especializadas em edições de letras graúdas para bibliotecas, escolas e leitores individuais, e sempre era possível encontrar esses volumes em livrarias e bibliotecas.

Em janeiro de 2006, quando minha visão começou a se deteriorar, eu me perguntei o que poderia fazer. Havia os audiolivros — eu mesmo já gravara alguns deles —, mas eu era acima de tudo um leitor, não um ouvinte. Sou leitor inveterado desde que me conheço por gente — muitas vezes decoro números de páginas ou a imagem de parágrafos e páginas quase automaticamente, e sou capaz de encontrar num instante um trecho específico na maioria dos meus volumes. Quero livros que me pertençam, livros cuja paginação íntima se torne cara e familiar a mim. Meu cérebro é voltado para a leitura — e a resposta, para mim, é clara: livros de letras graúdas.

Mas como é difícil hoje em dia encontrar bons livros de letras graúdas numa livraria! Foi o que descobri quando, há pouco tempo, fui à Strand, uma livraria famosa por seus quilômetros de prateleiras e que frequento há cinquenta anos. Havia, sim, uma (pequena) seção de letras grandes, mas era composta principalmente de manuais e romances ordinários. Não havia coletâneas de poesias nem peças, biografias, ciência. Nada de Dickens, Jane Austen, nenhum clássico — zero Bellow, Roth, Sontag. Saí de lá frustrado e furioso: por acaso as editoras pensam que os deficientes visuais também são deficientes intelectuais?

Ler é uma tarefa muitíssimo complexa, que mobiliza várias partes do cérebro, porém não é uma habilidade que os humanos adquiriram pela evolução (em contraste com a fala, que em grande medida é inata). Ler é um avanço mais ou menos recente, surgido talvez há 5 mil anos, e depende de uma área minúscula do córtex visual do cérebro. O que hoje chamamos de área de formação visual das palavras é parte de uma região cortical próxima do lado esquerdo do cérebro que evoluiu e passou a reconhecer formas básicas na natureza, mas pode ser usada para reconhecer letras ou palavras. Esse reconhecimento elementar de formas ou letras é apenas o primeiro passo.

A partir dessa área de formação visual das palavras, é preciso fazer conexões de mão dupla com muitas outras partes do cérebro, entre as quais aquelas responsáveis por gramática, memórias, associações e sentimentos, de modo que as letras e palavras adquiram um sentido específico para quem está lendo.

Cada um de nós forma vias neurais únicas associadas à leitura e traz ao ato de ler uma combinação única não apenas de memória e experiência, mas também de modalidades sensoriais. Algumas pessoas podem "ouvir" os sons das palavras à medida que leem (é assim comigo, mas só quando estou lendo por prazer, e não quando leio para obter informação); outras podem visualizá-las, conscientemente ou não. Algumas podem ter uma sensibilidade intensa para os ritmos ou as ênfases acústicas de uma frase, outras se apercebem mais da aparência ou forma.

Em meu livro *O olhar da mente*, descrevo dois pacientes, ambos escritores talentosos, que perderam a habilidade de ler em consequência de lesão cerebral na área de formação visual das palavras (pacientes com esse tipo de alexia são capazes de escrever, mas não de ler o que escreveram). Um deles, Charles Scribner Jr., embora também fosse editor e amasse o texto impresso, recorreu de imediato a audiolivros para "ler" e passou a ditar seus próprios livros em vez de redigi-los. Fez essa transição com facilidade; aliás, ela pareceu ser espontânea. O outro, o escritor de romances policiais Howard Engel, tinha raízes profundas demais na leitura e escrita para abrir mão delas. Continuou a escrever (em vez de ditar) seus livros subsequentes e descobriu, ou inventou, um extraordinário modo de "ler": sua língua começou a copiar as palavras que estavam diante dele, traçando-as na parte posterior dos dentes; na prática, ele lia escrevendo com a língua, empregando as áreas motoras e táteis do córtex. Isso também pareceu ocorrer de forma espontânea. O cérebro de cada um desses homens, usando suas forças e experiências únicas, encontrou a solução certa, a adaptação certa à perda.

Para quem nasceu cego, sem nenhum tipo de imagem visual, ler pode ser em essência uma experiência tátil, possibilitada pelos caracteres em relevo do braille. Hoje em dia é cada vez menor a disponibilidade de livros em braille, assim como de livros impressos em letras graúdas, pois as pessoas recorrem aos audiolivros ou a programas de voz computadorizados, mais baratos e fáceis de encontrar. Contudo, há uma diferença fundamental entre ler e ouvir alguém ler para você. Quem lê ativamente, usando os olhos ou os dedos, fica livre para pular trechos, voltar na leitura, reler, refletir ou devanear no meio de uma frase — lê no seu próprio ritmo. Por outro lado, ouvir alguém ler para você ou escutar um audiolivro é uma experiência mais passiva, sujeita aos caprichos da voz de outra pessoa e, em grande medida, ao ritmo imposto pelo narrador.

Se, em uma fase mais avançada da vida, formos forçados a aprender novos modos de ler — para nos adaptar à perda da visão, por exemplo —, cada um terá de se adaptar a seu modo. Alguns talvez troquem a leitura pela audição; outros continuarão a ler até quando for possível. Alguns talvez ampliem o texto no leitor de e-book, outros no computador. Eu nunca adotei nenhuma dessas tecnologias; por enquanto, pelo menos, prefiro a velha lupa (tenho uma dúzia delas, em diferentes formatos e de diferentes potências).

Textos devem estar acessíveis no maior número de formatos possível — George Bernard Shaw disse que os livros são a memória da raça. Não devemos permitir que uma forma de livro desapareça, seja ela qual for, pois somos todos indivíduos, com necessidades e preferências acentuadamente individualizadas — preferências que são integradas a cada nível de nosso cérebro, com nossos padrões e redes neurais individuais criando uma profunda interação pessoal entre autor e leitor.

A MARCHA DO ELEFANTE

Uma edição recente da revista *Nature* traz um artigo fascinante, "Are Fast-Moving Elephants Really Running?" [Elefantes estão realmente correndo quando se movem rápido?], escrito por John Hutchinson e outros. Os elefantes testados — 42 no total — foram marcados com pontos pintados nas articulações dos ombros, quadril e membros, e filmados enquanto se deslocavam por uma pista de trinta metros (com mais dez metros em cada extremo para acelerar e desacelerar). Ficou claro que, em alta velocidade, ocorre uma mudança abrupta no modo da marcha, porém não foi fácil interpretá-la. Os passos acelerados dos animais podiam ser considerados "corrida"?

Quando vi uma foto de um dos elefantes marcados, lembrei que, 115 anos antes, Étienne-Jules Marey fez uma investigação pioneira da marcha dos elefantes, não com análise de vídeos, obviamente, mas com fotografias, e marcou seus elefantes de modo bem parecido. Por coincidência eu tinha acabado de ler um livro sobre Marey — um livro esplêndido, *Picturing Time* [Fotografando o tempo], de Marta Braun — junto com a aclamada biografia de Eadweard Muybridge escrita por Rebecca Solnit, *River of Shadows* [Rio de sombras].

Marey e Muybridge foram contemporâneos, nasceram e morreram quase nas mesmas semanas. Também tinham as mesmas iniciais, EJM, mas fora isso não podiam ser mais diferentes. Muybridge era impulsivo, expansivo, um artista brilhante e fotógrafo peripatético, atraído por muitas direções criativas, enquanto Marey era pacato, modesto, concentrado e sistemático, e passou toda a sua vida criativa no laboratório de fisiologia.

Apesar disso, por um período breve e crucial, as vidas desses dois se encontraram, suas ideias interagiram, e isso ensejou uma revolução que não só abriu caminho para o surgimento da cinematografia, mas também criou uma nova ferramenta para a ciência, para o estudo do tempo e para a representação de tempo e movimento na arte.

O nome de Muybridge é bem conhecido — ele é quase um ícone americano —, mas o de Marey foi quase esquecido, embora ele tenha sido famoso em vida. Em muitos aspectos, o legado de Marey é mais rico que o de Muybridge, porém foi essencialmente a conjunção dos dois que impeliu a grande mudança. Nenhum deles, sozinho, poderia tê-la produzido.

O fascínio eterno de Marey pelo movimento começou com os movimentos e processos internos do corpo. Nisso ele foi pioneiro, tendo inventado medidores de pulsação, gráficos de pressão arterial e traçados cardíacos — precursores engenhosos dos instrumentos que ainda hoje usamos em medicina. Depois, em 1867, ele passou a analisar a locomoção humana e animal. Usou medidores de pressão, tubos de borracha e registros em gráficos para medir os movimentos e as posições dos membros, bem como as forças exercidas quando um cavalo galopava ou trotava. Com base nesses registros, ele fez desenhos, girou-os em um zootrópio e reconstruiu em câmara lenta os movimentos do cavalo.

Pelo visto, não lhe ocorreu usar fotografia — deve ter parecido inviável, do ponto de vista técnico, para ele e seus contemporâneos. Na época, as câmeras não tinham obturador; era preciso remover e substituir manualmente a tampa da objetiva, por isso era impossível obter exposições muito inferiores a um segundo. As emulsões fotográficas não eram muito sensíveis, e portanto uma exposição muito abaixo de um segundo, mesmo se fosse possível em termos de mecânica, talvez não admitisse luz o bastante para criar uma imagem sobre as lentíssimas chapas molhadas empregadas então. E mesmo que, sabe-se lá como, alguém conseguisse obter uma única fotografia "instantânea", como obteria dez ou vinte em um mesmo segundo se a revelação de cada chapa fotográfica demorava vários minutos?

Por sua vez, Muybridge, fotógrafo talentoso, não demonstrou interesse particular pelo movimento animal antes dos anos 1870, embora sempre tenha sido obcecado pela ideia do efêmero, como Solnit revelou, pela necessidade de "fixar" em fotografia o fugidio e o transitório (anteriormente, isso o levara a fazer estudos sobre os padrões sempre mutáveis das nuvens). Só quando ele conheceu o riquíssimo barão das ferrovias Leland Stanford, que possuía um grande haras de cavalos de corrida, sua futura carreira se definiu.

Nos círculos das corridas, uma questão muito debatida era se, ao galopar, um cavalo chegava a tirar os quatro cascos do chão em um mesmo instante. O próprio Stanford tinha apostado alto nesse ponto e contratou Muybridge para obter uma foto de um desses animais em pleno galope, se pudesse. Para isso, Muybridge precisou criar grandes avanços técnicos, desenvolver emulsões mais rápidas e projetar obturadores capazes de permitir uma exposição de um ducentésimo de segundo. Isso feito, ele conseguiu, em 1873, obter uma única fotografia instantânea de um cavalo que mostrava (embora não da forma tão convincente como Stanford teria preferido, pois não era muito mais do que uma silhueta borrada) os quatro cascos suspensos no ar.

A questão poderia ter sido encerrada ali se, naquele momento crítico, Stanford não tivesse recebido e lido, empolgadíssimo, o livro recém-publicado de Marey *Animal Mechanism: A Treatise on Terrestrial and Aerial Locomotion* [Mecanismo animal: Tratado sobre locomoção terrestre e aérea]. Nele, Marey descrevia em detalhes suas técnicas mecânicas e pneumáticas para registrar o movimento de animais; mostrava a sequência de desenhos que concebera para fazer suas mensurações e explicava como conseguia dar vida àquelas imagens com o zootrópio. (Um de seus desenhos representava um cavalo galopando no ar, com os quatro cascos evidentemente fora do chão.) Stanford viu num relance que todas as posturas e movimentos do cavalo quando galopava podiam, em princípio, ser captadas pela fotografia daquela maneira, e que era possível realizar o milagre de retratar o movimento — e disse a Muybridge que era isso que ele tinha de fazer.

Muybridge, um fotógrafo esplêndido e inventivo (suas extraordinárias imagens do Parque Nacional de Yosemite, tiradas com uma enorme câmera de chapas molhadas dos mais inesperados ângulos e pontos de vista, são incomparáveis até hoje), viu logo que o desafio seria conseguir que o cavalo tirasse suas próprias fotos. A brilhante ideia que ele teve e acabou aperfeiçoando foi instalar uma série de doze (e mais tarde 24) câmeras ao longo de uma pista medida, onde seus obturadores seriam acionados em rápida sequência pelo cavalo conforme ele passasse galopando. Por fim, em 1878, depois de quatro anos de experimentos, ele conseguiu publicar sua lendária série de fotos. Nunca se vira nada parecido. Artistas haviam tentado representar as posturas de cavalos a galope por centenas de anos, porém com pouco êxito e nenhum consenso, pois os movimentos de um cavalo a galope eram rápidos demais para ser captados pelos olhos.

Marey, ainda atrelado a seus métodos laboriosos, depois de onze anos de experimentos viu, estarrecido, uma reprodução das fotos de Muybridge numa revista e escreveu uma carta urgente e admirada ao editor: "Estou encantado com as fotografias instantâneas do sr. Muybridge. Poderia fazer a gentileza de pôr-me em contato [com ele]?". Marey imaginou uma colaboração que resultaria em ver "todos os animais imagináveis em suas verdadeiras marchas [...] zoologia animada". E previu, como Muybridge, que tais fotografias poderiam ser "para artistas [...] uma verdadeira revolução, pois conterão as verdadeiras atitudes do movimento, as posições do corpo em equilíbrio instável, para as quais nenhum modelo pode posar". E concluiu: "Como vê, meu entusiasmo é imensurável".

Muybridge respondeu com igual generosidade e elegância; disse a Marey que "seu célebre trabalho sobre movimento animal inspirou [...] a ideia [...] de revolver o problema da locomoção com a ajuda da fotografia". Mais tarde, em Paris, os dois tiveram um encontro cordial.

Marey, guiado por seu método anterior de representação gráfica — "quimogramas" que sobrepunham, em forma diagramática, as sucessivas posições de articulações e membros em movimento —, concebeu, então, um paralelo fotográfico. Usando uma só câmera com o obturador aberto, ele colocou atrás da objetiva um disco de metal ranhurado que girava e servia como obturador, permitindo obter doze ou mais exposições sobrepostas em uma mesma chapa. Marley chamou de "cronofotografias" essas composições que comprimiam o tempo em um só quadro, e elas não só eram visualmente impressionantes (um famoso exemplo das primeiras que foram feitas é uma chapa mostrando as sucessivas posições de um gato girando e endireitando o corpo durante uma queda), mas também permitiam uma visualização e uma análise precisas da biomecânica envolvida, algo que as imagens separadas de Muybridge não faziam.

Em fins dos anos 1880, com o surgimento do filme de celuloide flexível, Muybridge e Marey criaram câmeras de filmar, embora nenhum dos dois se interessasse por "cinema" em si, mas sim, como explicou Braun, por "registrar o invisível em vez de reconstituir o visível".

Marey, com suas cronofotografias, passou a estudar ginastas e outros atletas, operários em linhas de montagem e os movimentos e as forças do ar e da água (ele foi o primeiro a construir túneis de vento); também foi pioneiro na fotografia subaquática em *time-lapse*, que podia tornar visíveis e inteligíveis os movimentos lentíssimos e quase invisíveis dos ouriços-do--mar. Muybridge concentrou-se na representação da interação social e dos gestos. Ambos, porém, conservaram sua paixão pela "zoologia animada", e, em meados dos anos 1880, fotografaram elefantes em movimento.

Muybridge retomou a técnica que desenvolvera no haras de Stanford, usando uma bateria de 24 câmeras. Marey, porém, com seu "canhão fotográfico" de obturador ranhurado e marcando seus elefantes com pedaços de papel nas articulações, conseguiu registrar todas as etapas do movimento desses animais em uma única chapa, numa série de imagens sobrepostas fantasmagóricas que mostravam o movimento vertical das articulações de ombros e quadril. Essas fotografias compostas dão uma ideia extraordinária de movimento, da verdadeira marcha dos elefantes e da intricada mecânica envolvida, algo que as imagens acentuadamente estáticas de Muybridge estão longe de transmitir. Foi a cronofotografia de Marey em 1887 que irrompeu em minha mente em 2003, quando li o artigo da *Nature* investigando se os elefantes correm.

O estudo de 2003 recorreu a cronômetros avançados, digitalização e análise por computador — refinamentos não disponíveis em 1887 —, e pôde então mostrar que, de fato, os elefantes quando estão com pressa correm e andam ao mesmo tempo. Ou seja, o movimento vertical dos ombros indica o andar, enquanto o movimento vertical dos quadris indica o correr. Supomos que há de ser um andar relativamente rápido e uma corrida relativamente lenta; do contrário, a parte posterior do corpo colidiria com a anterior. Acho que Marey e Muybridge gostariam disso.

ORANGOTANGO

Alguns anos atrás, no zoológico de Toronto, vi um orango-tango. Era uma fêmea e estava amamentando um filhote, mas quando encostei meu rosto barbudo na janela de vidro de seu grande recinto gramado, ela pôs seu bebê no chão com delicadeza, se aproximou e encostou seu rosto, seu nariz, no meu, do outro lado do vidro. Desconfio que meus olhos se moviam sem parar enquanto eu fitava sua face, mas eu estava muito mais consciente dos olhos *dela*. Aqueles olhinhos brilhantes — seriam cor de laranja também? — corriam por tudo, observando meu nariz, meu queixo, todas as características humanas mas também simiescas do meu rosto, me identificando (não pude deixar de sentir) como alguém de sua espécie, ou pelo menos um parente chegado. E então, separados apenas pela lâmina de vidro, ela me olhou nos olhos e eu nos dela, como apaixonados que se contemplam.

Encostei a mão esquerda na janela, e ela imediatamente pôs sua mão direita contra a minha. A afinidade era óbvia — nós dois podíamos ver o quanto éramos similares. Para mim, foi espantoso, fascinante: tive uma sensação intensa de parentesco e proximidade como nunca antes com um animal. "Veja, minha mão também é igual à sua", dizia a ação dela. Mas era também uma saudação, como quando duas pessoas apertam as mãos ou batem as palmas em cumprimento.

E então afastamos os rostos do vidro, e ela voltou para seu filhote.

Já tive e amei cachorros e outros animais, mas nunca viven-ciei um reconhecimento mútuo e uma sensação de parentesco instantânea como tive com aquela colega primata.

POR QUE PRECISAMOS DE JARDINS

Como escritor, considero os jardins essenciais ao processo criativo; como médico, levo meus pacientes a esses locais sempre que possível. Todos nós já tivemos a experiência de passear por um jardim luxuriante ou um deserto atemporal, de caminhar à beira de um rio ou do mar, de subir uma montanha e descobrir que estamos ao mesmo tempo mais tranquilos e revigorados, com a mente alerta, o espírito e o corpo renovados. A influência desses estados fisiológicos na saúde do sujeito e da comunidade é fundamental e abrangente. Em quarenta anos de prática da medicina, encontrei apenas dois tipos de "terapia" não farmacológica que têm uma importância vital para pacientes com doenças neurológicas crônicas: música e jardins.

O fascínio dos jardins foi introduzido bem cedo em minha vida, antes da guerra, quando minha mãe ou tia Len me levavam ao grande jardim botânico de Kew, em Londres. No jardim de casa tínhamos samambaias comuns, mas não as samambaias douradas e prateadas, as samambaias aquáticas, as diáfanas samambaias himenofiláceas e as samambaias arbóreas que vi pela primeira vez em Kew. Lá conheci a folha gigante da vitória-régia, a esplêndida ninfeácea amazônica e, como muitas crianças do meu tempo, fui posto em cima de uma dessas plantas enormes quando bebê.

Estudando em Oxford, descobri, encantado, um jardim bem diferente: o jardim botânico de Oxford, um dos primeiros jardins murados da Europa. Eu me deleitava pensando que Boyle, Hooke, Willis e outras personalidades oxfordianas talvez tivessem andado e meditado por ali no século XVII.

Sempre que viajo procuro visitar jardins botânicos, que considero reflexos de seu tempo e cultura, museus vivos ou acervos de plantas. Essa impressão foi intensa quando vi a beleza do Hortus Botanicus de Amsterdam, do século XVII, coetâneo de sua vizinha, a magnífica Sinagoga Portuguesa; gostei de imaginar que Espinosa deve ter apreciado muito o primeiro depois de ter sido excomungado da segunda — será que sua visão de *"Deus sive Natura"* foi inspirada em parte pelo Hortus?

O jardim botânico de Pádua é ainda mais antigo; remonta aos anos 1540 e tem um traçado medieval. Foi lá que os europeus viram pela primeira vez plantas das Américas e do Oriente, formas vegetais tão estranhas que nem em sonhos eles haviam encontrado. Também foi lá que Goethe, olhando uma palmeira, concebeu sua teoria da metamorfose das plantas.

Quando viajo com outros nadadores e mergulhadores para as ilhas Cayman, Curaçao, Cuba e outros lugares, procuro jardins botânicos, contrapontos dos fascinantes jardins subaquáticos que vejo flutuando com meu snorkel.

Moro em Nova York há cinquenta anos, e às vezes só os jardins desta cidade tornam suportável viver aqui. Ocorre o mesmo com meus pacientes. Quando trabalhei no Beth Abraham, um hospital defronte ao jardim botânico, descobri que nada era mais apreciado pelos pacientes internados havia muito tempo do que uma visita ao local — eles falavam sobre o hospital e o jardim como dois mundos distintos.

Não sei bem por que a natureza exerce efeitos tranquilizantes e ordenadores em nosso cérebro, mas testemunhei os poderes restauradores e curativos da natureza e dos jardins, inclusive em pessoas com problemas neurológicos gravíssimos. Em muitos casos, jardins e natureza são mais potentes do que qualquer medicação.

Meu amigo Lowell tem síndrome de Tourette moderadamente grave; em seu ambiente habitual na cidade movimentada, ele tem centenas de tiques e ejaculações verbais por dia — grunhe, pula, toca nas coisas de forma compulsiva. Um dia, quando fazíamos uma caminhada pelo deserto, fiquei pasmo ao me dar conta de que os tiques dele haviam desaparecido por completo. Aquele cenário ermo e remoto, combinado a algum inefável efeito calmante da natureza, abrandou seus tiques, "normalizou" seu estado neurológico, ao menos por algum tempo. Uma idosa com doença de Parkinson que conheci em Guam [na Micronésia] sofria paralisias frequentes e se tornava incapaz de iniciar movimentos — um problema comum em parkinsonianos. Mas assim que a levávamos ao jardim, onde plantas e pedras compunham uma paisagem variada, ela se reanimava e conseguia, rapidamente e sem ajuda, subir nas pedras e descer.

Tenho alguns pacientes com demência ou doença de Alzheimer muito avançadas que têm pouquíssimo senso de orientação em seu ambiente. Eles esqueceram, ou não conseguem acessar, como amarrar sapatos ou usar utensílios de cozinha. Mas se são postos diante de um canteiro de flores com algumas mudas, sabem exatamente o que fazer — nunca vi nenhum plantar uma muda de cabeça para baixo.

Muitos dos meus pacientes vivem em asilos ou hospitais para doentes crônicos, por isso o ambiente físico desses lugares é fundamental para promover seu bem-estar. Alguns desses estabelecimentos usam ativamente o traçado e a gestão de seus espaços ao ar livre em benefício da saúde dos internos. O Hospital Beth Abraham, no Bronx, por exemplo — onde atendi os pacientes pós-encefalíticos com parkinsonismo grave que descrevi em meu livro *Tempo de despertar* —, era, nos anos 1960, um pavilhão cercado de jardins. Quando o ampliaram e ele se tornou uma instituição com quinhentos leitos, a maior parte dos jardins foi engolida, mas conservaram um pátio central com uma profusão de plantas em vasos, local que continua sendo da maior importância para os internos. O hospital providenciou mecanismos para que os pacientes cegos possam tocar nas plantas e sentir o cheiro delas, e que os cadeirantes tenham contato direto com as plantas.

Também trabalho para a organização católica Little Sisters of the Poor, que tem asilos no mundo todo. A organização foi fundada na Bretanha em fins dos anos 1830 e chegou aos Estados

Unidos nos anos 1960. Naquela época, era comum estabelecimentos como asilos ou manicômios terem uma horta grande e muitas vezes até uma leiteria. Infelizmente essa tradição quase desapareceu, mas as freiras estão tentando reintroduzi-la. Um de seus prédios em Nova York fica em um bairro residencial arborizado na periferia da cidade, cheio de alamedas e bancos. Alguns dos internos conseguem andar sozinhos, alguns precisam de bengala, outros usam andador e outros cadeira de rodas — mas quase todos, quando não faz frio, querem estar ao ar livre, no jardim.

Claramente a natureza evoca em nós algo muito profundo. A biofilia, o amor pela natureza e pelos seres vivos, é parte essencial da condição humana. A hortofilia, o desejo de interagir com a natureza, administrá-la e cuidar dela, também é arraigada em nós. O papel da natureza na saúde e na cura é ainda mais vital para quem trabalha muitas horas em salas sem janela ou vive em bairros centrais de cidades grandes sem acesso a áreas verdes, para crianças em escolas no centro da cidade ou para quem mora em estabelecimentos como lares de idosos. Os efeitos das qualidades da natureza sobre a saúde são não apenas espirituais e emocionais, mas também físicos e neurológicos. Não tenho dúvida de que se refletem em mudanças profundas na fisiologia e talvez até na estrutura do cérebro.

A NOITE DO GINKGO

Hoje, em Nova York — 13 de novembro —, folhas caem, rodopiam, esvoaçam por toda parte. Mas há uma exceção notável: as folhas em feitio de leque do ginkgo estão ainda presas firmes a seus galhos, embora muitas tenham adquirido um dourado luminoso. Já se vê por que essa bela árvore é reverenciada desde tempos remotos. Preservados cuidadosamente por milênios em jardins de templos da China, os ginkgos estão quase extintos na natureza, mas têm uma capacidade extraordinária de resistir ao calor, à neve, aos furacões, aos vapores de diesel e aos demais encantos da cidade de Nova York, e aqui há milhares dessas árvores, espécimes maduros com 100 mil folhas ou mais — folhas mesozoicas pesadas e resistentes como as que os dinossauros comiam. A família dos ginkgos existe desde tempos anteriores aos dinossauros, e seu único membro remanescente, o *Ginkgo biloba*, é um fóssil vivo, basicamente inalterado em 200 milhões de anos.

Enquanto as folhas das mais modernas angiospermas — bordos, carvalhos, faias etc. — caem ao longo de semanas depois de secar e adquirir um tom pardacento, o ginkgo, um gimnospermo, perde suas folhas de uma só vez. O botânico Peter Crane, em seu livro *Ginkgo*, escreve sobre um espécime muito grande no Michigan: "Por muitos anos houve uma competição para adivinhar a data em que as folhas cairiam". Crane diz que, de modo geral, isso acontece com "misteriosa sincronicidade", e cita o poeta Howard Nemerov:

Late in November, on a single night
Not even near to freezing, the ginkgo trees

That stand along the walk drop all their leaves
In one consent, and neither to rain nor to wind
But as though to time alone; the golden and green
Leaves litter the lawn today, that yesterday
*Had spread aloft their fluttering fans of light.**

Será que os ginkgos respondem a algum sinal externo, como uma mudança de temperatura ou de luminosidade? Ou a algum sinal interno, geneticamente programado? Ninguém sabe o que está por trás dessa sincronicidade, mas decerto ela está relacionada à antiguidade do ginkgo, que evoluiu por um caminho muito diferente do seguido pelas árvores mais modernas.

Acontecerá em 20, 25, 30 de novembro? Seja quando for, cada árvore terá sua própria Noite do Ginkgo. Poucas pessoas verão — a maioria estará dormindo —, mas pela manhã o chão sob essas árvores estará atapetado com milhares de folhas pesadas, douradas, em feitio de leque.

---

* "Fins de novembro, em uma única noite/ Nem perto de gélida, os ginkgos/ Perfilados na calçada perdem todas as folhas/ Por consenso, e não para a chuva ou o vento/ Mas como que só para o tempo; as folhas douradas e verdes/ Hoje juncando o gramado, ontem/ Abriam seus leques adejantes de luz." (N. T.)

PEIXE DE FILTRO

O *gefilte fish*, bolinho de peixe da culinária judaica, não é um prato trivial; nas famílias ortodoxas, deve ser comido principalmente no Shabat judaico, pois nesse dia não é permitido cozinhar. Quando eu era menino, minha mãe fechava seu consultório médico no começo da tarde de sexta-feira e dedicava seu tempo, antes da chegada do Shabat, a preparar *gefilte fish* e outros pratos do Shabat.

Nosso *gefilte fish* era basicamente feito de carpa, acrescida de lúcio, peixes de carne branca e às vezes perca ou tainha. (O peixeiro entregava os peixes vivos, nadando em um balde com água.) Era preciso escamá-los, remover as espinhas e moê-los; tínhamos um moedor de metal grandalhão afixado à mesa da cozinha, e de vez em quando minha mãe me deixava girar a manivela. Depois ela misturava o peixe moído com ovos crus, farinha de *matzá*, pimenta e açúcar. (O *gefilte fish litvak*, me disseram, era feito com mais pimenta, e era assim que minha mãe fazia — meu pai era um [judeu] *litvak*, nascido na Lituânia.)

Minha mãe moldava a massa em bolinhos de uns cinco centímetros de diâmetro — um quilo a um quilo e meio de peixe rendia uma dúzia ou mais —, depois os cozinhava devagar em água com algumas fatias de cenoura. Quando o *gefilte fish* esfriava, formava-se uma gelatina extraordinariamente delicada, e eu, menino, tinha paixão por aqueles bolinhos e sua saborosa gelatina, junto com a obrigatória *khreyn* (raiz-forte, em iídiche).

Pensava que nunca mais provaria nada parecido com o *gefilte fish* feito por minha mãe, mas aos quarenta e poucos anos contratei uma empregada, Helen Jones, que era um verdadeiro gênio na cozinha. Ela improvisava tudo, nunca seguia livros de receita; quando soube dos meus gostos, decidiu aventurar-se no prato.

Toda quinta-feira Helen chegava de manhã e nós dois íamos fazer compras no Bronx; a parada inicial era uma peixaria na avenida Lydig pertencente a dois irmãos sicilianos, tão parecidos que passavam por gêmeos. [Na primeira vez,] embora os peixeiros tenham ficado felizes por nos vender a carpa, um peixe de carne branca e o lúcio, eu não tinha ideia de como Helen, afro-americana e cristã praticante, conseguiria preparar uma iguaria tão caracteristicamente judaica. Acontece que seus poderes de improvisação eram formidáveis, e ela acabou por fazer um magnífico *gefilte fish* (que batizou de *"filter fish"*, peixe de filtro). Tive de reconhecer que era tão bom quanto o da minha mãe. Helen refinava seu peixe de filtro a cada vez que preparava o prato, e meus amigos e vizinhos acabaram virando fãs. Os amigos dela da igreja também; eu adorava a ideia de seus correligionários batistas se empanturrando de *gefilte fish* nas reuniões sociais de sua congregação.

No meu aniversário de cinquenta anos, em 1983, ela fez uma batelada de bolinhos, suficiente para cinquenta convidados. Entre eles estava Bob Silvers, editor do *The New York Review of Books*; Bob se apaixonou de tal modo pelo *gefilte fish* de Helen que quis saber se ela conseguiria preparar o prato para a equipe inteira dele.

Quando Helen morreu, depois de trabalhar para mim por dezessete anos, meu pesar foi imenso — e eu perdi o gosto por *gefilte fish*. Aquele comprado em vidro no supermercado, eu achava detestável em comparação com a ambrosia de Helen.

Mas agora, nestas que (salvo algum milagre) são minhas últimas semanas de vida — tão nauseado que não posso nem ver quase nenhum tipo de comida e tenho dificuldade para engolir qualquer coisa que não seja líquida ou gelatinosa —, redescobri as delícias do *gefilte fish*. Não consigo comer mais do que cinquenta a oitenta gramas de cada vez, mas uma alíquota de *gefilte fish* a cada hora que passo acordado fornece a proteína de que tanto preciso. (A gelatina de *gefilte fish*, assim como a geleia de mocotó, sempre foi valorizada como alimento para enfermos.) Agora chegam entregas diárias de uma loja ou outra: a Murray's da Broadway, Russ & Daughters, Sable's, Zabar's, Barney Greengrass, Second Avenue Deli — todas elas fazem seu próprio *gefilte fish*, e gosto de todos (mas nenhum se compara ao da minha mãe ou ao de Helen).

Embora eu tenha recordações desse prato a partir de uns quatro anos de idade, desconfio que adquiri o gosto por ele ainda mais cedo, já que nas famílias ortodoxas, por sua gelatina abundante e nutritiva, ele costumava ser dado a bebês durante a transição para alimentação sólida. O *gefilte fish* me acompanhará ao deixar esta vida como me acompanhou quando cheguei a ela, 82 anos atrás.

A VIDA CONTINUA

Aos oitenta e tantos anos, minha tia favorita, tia Len, comentou comigo que não teve grande dificuldade para se adaptar a todas as coisas novas que foram surgindo ao longo de sua vida — avião a jato, viagens espaciais, plásticos etc. —, mas não conseguia se acostumar com o desaparecimento das coisas velhas. "Onde foram parar todos os cavalos?", dizia às vezes. Nascida em 1892, ela crescera em uma Londres povoada por coches e cavalos.

Eu me sinto mais ou menos como ela. Alguns anos atrás, andava com minha sobrinha Liz pela Mill Lane, uma rua próxima da casa onde fui criado, em Londres, quando parei numa ponte ferroviária em cujas grades de proteção eu gostava de me reclinar quando menino. Vi passarem muitos trens a diesel e elétricos e, após alguns minutos, Liz perguntou, impaciente: "O que está esperando?". Um trem a vapor, respondi. Liz me olhou como se eu fosse doido.

"Tio Oliver, faz mais de quarenta anos que não existem mais trens a vapor", ela disse.

Não me adaptei tão bem quanto minha tia a alguns aspectos do novo, talvez porque o ritmo da mudança social associado aos avanços tecnológicos seja muito rápido e extremo. Não consigo me acostumar a ver miríades de pessoas na rua de olhos cravados numa caixinha ou com ela bem diante do rosto, andando felizes da vida no meio do tráfego, desligadas de tudo em volta. E tamanha distração e desatenção me assusta mais ainda quando vejo jovens pais e mães fitando o celular sem olhar os bebês que levam pela mão ou no carrinho. Essas crianças, incapazes de atrair a atenção dos pais, devem se sentir negligenciadas, e com certeza os efeitos disso aparecerão daqui a alguns anos.

Em seu romance *Fantasma sai de cena*, de 2007, Philip Roth descreve como Nova York parece radicalmente mudada para um escritor recluso que ficou uma década sem ir à cidade. Ele é forçado a entreouvir conversas por celular em toda parte, e se pergunta:

> O que acontecera nesses dez anos que agora havia tanto a dizer — e com tanta urgência que não dava para esperar? [...] Eu não conseguia compreender como alguém podia imaginar que levava uma vida humana andando pela rua falando ao telefone metade do tempo que estava acordado.

Essas engenhocas, já nefastas em 2007, agora nos imergiram em uma realidade virtual muito mais densa, mais absorvente e ainda mais desumanizadora.

Todo dia confronto o desaparecimento completo das antigas civilidades. A vida social, a convivência nas ruas e a atenção às pessoas e coisas que nos rodeiam desapareceram em larga medida, ao menos nas cidades grandes, onde a maioria da população agora vive praticamente grudada em seus telefones ou outros dispositivos — tagarelando, digitando, jogando, cada vez mais voltada para todos os tipos de realidade virtual.

Agora tudo é potencialmente público: pensamentos, fotos, movimentos, compras. Não existe privacidade e, ao que parece, há pouco desejo por ela em um mundo dedicado ao uso incessante de redes sociais. A pessoa tem de passar cada minuto, cada segundo, com seu aparelhinho na mão. Os cativos desse mundo virtual nunca estão sozinhos, nunca são capazes de se concentrar e apreciar as coisas a seu modo, em silêncio. Abriram mão, em muitos sentidos, das amenidades e conquistas da civilização: solidão e tempo livre, a sanção para ser você mesmo, verdadeiramente absorto na contemplação de uma obra de arte, uma teoria científica, um pôr do sol, o rosto de uma pessoa amada.

Alguns anos atrás fui convidado para participar de um

painel cujo tema era "Informação e comunicação no século XXI".
Um dos participantes, pioneiro da internet, disse com orgulho
que sua filha pequena navegava na internet doze horas por dia
e tinha acesso a informações com abrangência e profundidade
jamais alcançadas por gerações passadas. Indaguei se ela havia
lido algum romance de Jane Austen ou *qualquer* obra da literatura clássica, e ele respondeu: "Não, ela não tem tempo para
essas coisas". Eu então expressei minhas dúvidas de que ela
tivesse alguma compreensão consistente da natureza humana ou
da sociedade e aventei que, embora estivesse bem provida de
informações abrangentes, isso é diferente de ter conhecimento;
ela teria uma mente superficial e sem foco. Metade da plateia
aplaudiu, metade vaiou.

É notável que E. M. Forster tenha antevisto muitas dessas
coisas em 1909, no conto "A Máquina parou", no qual imagina um futuro em que as pessoas vivem isoladas em celas no
subsolo, nunca veem pessoalmente umas às outras e se comu-
nicam apenas por dispositivos audiovisuais. Nesse mundo, o
pensamento original e a observação direta são desincentivados:
"Cuidado com ideias próprias!", ensina-se. A humanidade foi
dominada pela "Máquina", a provedora de todos os confortos e
necessidades — exceto contato humano. Um jovem, Kuno, pede
para sua mãe em uma chamada do tipo Skype: "Eu queria ver
você, mas não através da Máquina. Queria falar com você, mas
não por meio dessa Máquina chata".

Ele diz à mãe, que vive absorta em sua vida febril e sem
sentido: "Nós perdemos a noção de espaço. [...] Perdemos
uma parte de nós mesmos. [...] Não vê [...] que somos nós que
estamos morrendo, e que aqui embaixo a única coisa que vive de
verdade é a Máquina?".

Também é assim que cada vez mais me sinto em relação a
nossa sociedade enfeitiçada, intoxicada.

Quando a morte se aproxima, podemos nos confortar com
o sentimento de que a vida continuará — se não para nós, pelo
menos para nossos filhos ou para aquilo que criamos. Nisso,

pelo menos, podemos depositar esperança, embora ela talvez não exista para nossa pessoa física e (para aqueles dentre nós que não são crentes) não haja nenhuma ideia de sobrevivência "espiritual" após a morte. Mas talvez não seja o bastante criar, contribuir, ter influenciado outros, se a pessoa sente, como eu agora, que a própria cultura na qual foi nutrida e à qual deu o seu melhor está ameaçada.

Embora tenha o apoio e o estímulo de amigos, de leitores do mundo todo, das memórias da minha vida e do prazer de escrever, sinto, como sem dúvida muitos outros, grande temor pelo bem-estar e até pela sobrevivência do nosso mundo. Temores assim foram expressos nos mais elevados níveis intelectuais e morais. Martin Rees, astrônomo real e ex-presidente da Royal Society, não é dado a pensamentos apocalípticos, mas em 2003 publicou o livro *Hora final: Alerta de um cientista — O desastre ambiental ameaça o futuro da humanidade*. Mais recentemente, o papa Francisco publicou a encíclica *Laudato Si'*, que traz uma análise profunda não só da mudança climática e do desastre ecológico generalizado induzido pelo homem, mas também do estado desesperador dos pobres e das crescentes ameaças do consumismo e mau uso da tecnologia. Às guerras tradicionais agora se somam genocídio, extremismo e terrorismo em magnitude sem precedentes, além de, em alguns casos, a destruição deliberada da nossa herança humana, da história e da própria cultura.

Essas ameaças me inquietam, é claro, mas à distância — eu me preocupo mais com a drenagem sutil e difusa do sentido, do contato íntimo em nossa sociedade e cultura.

Quando eu tinha dezoito anos, li Hume pela primeira vez e me horrorizei com a visão que ele expressa no *Tratado da natureza humana*, de 1738, de que a humanidade "não passa de um feixe ou coleção de percepções distintas que se sucedem umas às outras com rapidez inconcebível e estão em fluxo e movimento perpétuos". Como neurologista, vi muitos pacientes que se tornaram amnésicos em consequência da destruição dos sistemas de memória no cérebro, e não posso evitar a impressão de que essas pessoas, tendo perdido toda noção de um passado ou futuro e presas como estão a um alvoroço de sensações efêmeras e sempre mutáveis, em certo sentido foram reduzidas de seres humanos a seres *humeanos*.

Só preciso me aventurar pelas ruas do meu bairro, West Village, para ver aos milhares essas vítimas *humeanas*: pessoas mais jovens, em sua maioria, que cresceram na era das redes sociais, não têm memória pessoal de como as coisas eram antes e nenhuma imunidade às seduções da vida digital. O que estamos vendo — e causando a nós mesmos — parece uma catástrofe neurológica em escala gigantesca.

Ainda assim, ouso ter esperança de que, apesar de tudo, a vida humana e sua riqueza de culturas sobreviverão, mesmo em um planeta devastado. Enquanto alguns veem a arte como um baluarte da nossa cultura, nossa memória coletiva, eu vejo como igualmente importante a ciência, sua profundidade de pensamento, suas realizações palpáveis e seus potenciais. E a ciência, a boa ciência, está florescendo como nunca, embora avance com cautela, devagar, com seus vislumbres verificados por testes e experimentos contínuos. Tenho veneração por bons textos, pela arte e pela música, mas me parece que apenas a ciência, auxiliada pela decência humana, pelo bom senso, antevisão e preocupação com os desvalidos e os pobres, oferece alguma esperança ao mundo em seu presente atoleiro. Isso está explícito na encíclica do papa Francisco e pode ser viabilizado não só por gigantescas tecnologias centralizadas, mas também por operários, artesãos e agricultores nos vilarejos do mundo. Juntos, sem dúvida podemos tirar o mundo de sua crise atual e abrir caminho para um tempo mais feliz no futuro. Agora que me vejo diante de minha partida iminente do mundo, tenho de acreditar que a humanidade e o nosso planeta sobreviverão, que a vida continuará e que esta não será nossa hora final.

BIBLIOGRAFIA

ALEXANDER, Eben. *Proof of Heaven: A Neurosurgeon's Journey into the Afterlife*. Nova York: Simon & Schuster, 2012.

BRAUN, Marta. *Picturing Time: The Work of Etienne-Jules Marey (1830-1904)*. Chicago: University of Chicago Press, 1992.

COHEN, Donna; EISDORFER, Carl. *The Loss of Self: A Family Resource for the Care of Alzheimer's Disease and Related Disorders*. Nova York: Norton, 2001.

COLERIDGE, Samuel Taylor. *Encyclopaedia Metropolitana* (reimpressa em *The Friend* como "Essays as Method").

CRANE, Peter. *Ginkgo: The Tree That Time Forgot*. New Haven: Yale University Press, 2013.

CRICK, Francis. *Life Itself: Its Origin and Nature*. Nova York: Simon & Schuster, 1981.

CRICK, Francis; ORGEL, Leslie. "Directed Panspermia". *Icarus*, n. 19, pp. 341-6, 1973.

CRICK, Francis; MITCHISON, Graeme. "The Function of Dream Sleep". *Nature*, v. 304, n. 5922, pp. 111-4, 1983.

CUSTANCE, John. *Wisdom, Madness and Folly: The Philosophy of a Lunatic*. Nova York: Pellegrini, 1952.

DAVY, Humphry. *Elements of Agricultural Chemistry in a Course of Lectures*. Londres: Longman, 1813.

_____. "Some Researches on Flame". *Philosophical Transactions of the Royal Society of London*, n. 107, pp. 145-76, 1817.

_____. *Salmonia; or Days of Fly Fishing*. Londres: John Murray, 1828.

DAWKINS, Richard. *A escalada do monte improvável: Uma defesa da teoria da evolução*. São Paulo: Companhia das Letras, 1998.

DEBAGGIO, Thomas. *Losing my Mind: An Intimate Look at Life with Alzheimer's*. Nova York: Free Press, 2002.

_____. *When It Gets Dark: An Enlightened Reflection on Life with Alzheimer's*. Nova York: Free Press, 2003.

DE DUVE, Christian. *Vital Dust: Life as a Cosmic Imperative*. Nova York: Basic Books, 1995.

DEWHURST, Kenneth; BEARD, A. W. "Sudden Religious Conversions in Temporal Lobe Epilepsy". *British Journal of Psychiatry*, n. 117, pp. 497-507, 1970.

DYSON, Freeman J. *Origins of Life*. 2. ed. Cambridge: Cambridge University Press, 1999.

EDELMAN, Gerald M. *Neural Darwinism: The Theory of Neuronal Group Selection*. Nova York: Basic Books, 1987.

EHRSSON, H. Henrik; SPENCE, Charles; PASSINGHAM, Richard E. "That's my Hand! Activity in the Premotor Cortex Reflects Feeling of Ownership of a Limb". *Science*, v. 305, n. 5685, pp. 875-7, 2004.

EHRSSON, H. Henrik; HOLMES, Nicholas P.; PASSINGHAM, Richard E. "Touching a Rubber Hand: Feeling of Body Ownership Is Associated with Activity in Multisensory Brain Areas". *Journal of Neuroscience*, v. 25, n. 45, pp. 10564-73, 2005.

EHRSSON, H. Henrik. "The Experimental Induction of Out-of-Body Experiences." *Science*, v. 317, n. 5841, p. 1048, 2007.

ERIKSON, Erik; ERIKSON, Joan; KIVNICK, Helen. *Vital Involvement in Old Age*. Nova York: Norton, 1987.

FORSTER, E. M. "The Machine Stops". In: _____. *The Eternal Moment*. Londres: Sidgwick and Jackson, 1909/1928.

FREUD, Sigmund. *A interpretação dos sonhos* (1900). v. 4. Trad. de Paulo César de Souza. São Paulo: Companhia das Letras, 2019.

GAJDUSEK, Carleton. "Fantasy of a 'Virus' from the Inorganic World". *Haematology and Blood Transfusion*, v. 32, pp. 481-99, fev. 1989.

GOFFMAN, Erving. *Asylums: Essays on the Social Situation of Mental Patients and Other Inmates*. Nova York: Anchor, 1961.

GOLDSTEIN, Kurt. *The Organism*. Prefácio de Oliver Sacks. Nova York: Zone Books, 1934/2000.

GOULD, Stephen Jay. *The Flamingo's Smile: Reflections in Natural History*. Nova York: Norton, 1985.

GRAY, Spalding. *The Journals of Spalding Gray*. Org. de Nell Casey. Nova York: Vintage, 2012.

GREENBERG, Michael. *Hurry Down Sunshine*. Nova York: Other Press, 2008.

GROOPMAN, Jerome. *How Doctors Think*. Nova York: Houghton Mifflin, 2007.

HOBBES, Thomas. *Leviathan*. Cambridge: Cambridge University Press, 1651/1904.

HOLMES, Richard. *Coleridge: Early Visions, 1772-1804*. Nova York: Pantheon, 1989.

HOYLE, Fred; WICRAMASINGHE, Chandra. *Evolution from Space: A Theory of Cosmic Creationism*. Nova York: Simon & Schuster, 1982.

HUMBOLDT, Alexander von. *Cosmos*. Baltimore: Johns Hopkins University Press, 1845/1997.

HUME, David. *Treatise of Human Nature*. Londres: Longmans, Green, 1738/1874.

HUTCHINSON, John et al. "Biomechanics: Are Fast-Moving Elephants Really Running?". *Nature*, n. 422, pp. 493-4, 2003.

IBSEN, Henrik. *The Lady from the Sea*. In: _____. *Four Major Plays*. v. 2. Tradução e prefácio de Rolf Fjelde. Nova York: Signet Classics, 1888/2001.

JACKSON, John Hughlings. "The Factors of Insanities". Classic Text n. 47. *History of Psychiatry*, v. 12, n. 47, pp. 353-73, 1894/2001.

JAMISON, Kay Redfield. *Touched with Fire: Manic-Depressive Illness and the Artistic Temperament*. Nova York: Free Press, 1993.

_____. *An Unquiet Mind: A Memoir of Moods and Madness*. Nova York: Knopf, 1995.

JELLIFFE, Smith Ely. *Post-Encephalitic Respiratory Disorders*. Washington, DC: Nervous and Mental Disease Publishing Co., 1927.

JOYCE, James. *Finnegans Wake*. Londres: Faber and Faber, 1922.

KARINTHY, Frigyes. *A Journey Round My Skull*. Introdução de Oliver Sacks. Nova York: New York Review Books, 1939/2008.

KING, Lucy. *From under the Cloud at Seven Steeples, 1878-1885: The Peculiarly Saddened Life of Anna Agnew at the Indiana Hospital for the Insane*. Zionsville: Guild Press of Indiana, 2002.

KNIGHT, David. *Humphry Davy: Science and Power*. Cambridge: Cambridge University Press, 1992.

KURLAN, Roger et al. "Familial Tourette Syndrome: Report of a Large Pedigree and Potential for Linkage Analysis". *Neurology*, v. 36, pp. 772-6, 1986.

LIVEING, Edward. *On Megrim, Sick-Headache, and Some Allied Disorders: A Contribution to the Pathology of Nerve-Storms*. Londres: Churchill, 1873.

LOWELL, Robert. Manuscrito de *Life Studies*. Houghton Library, Harvard College Library, 1959.

LUHRMANN, T. M. *When God Talks Back: Understanding the American Evangelical Relationship with God*. Nova York: Knopf, 2012.

MAREY, Étienne-Jules. *Animal Mechanism: A Treatise on Terrestrial and Aerial Locomotion*. Nova York: Appleton, 1879.

MARGULIS, Lynn; SAGAN, Dorion. *Microcosmos: Four Billion Years of Microbial Evolution*. Nova York: Summit, 1986.

MAYR, Ernst. *Isto é biologia: A ciência do mundo vivo*. São Paulo: Companhia das Letras, 2008.

MERZENICH, Michael. "Long-Term Change of Mind". *Science*, v. 282, n. 5391, pp. 1062-3, 1998.

MONOD, Jacques. *Chance and Necessity: An Essay on the Natural Philosophy of Modern Biology*. Nova York: Knopf, 1971.

NELSON, Kevin. *The Spiritual Doorway in the Brain: A Neurologist's Search for the God Experience*. Nova York: Dutton, 2011.

NEUGEBOREN, Jay. *Imagining Robert: My Brother, Madness, and Survival*. Nova York: Morrow, 1997.

_____. "Infiltrating the Enemy of the Mind". Resenha de *The Center Cannot Hold*, por Elyn Saks. *New York Review of Books*, 17 abr. 2008.

PARKS, Tim. "In the Locked Ward". Resenha de *Imagining Robert*, por Jay Neugeboren. *New York Review of Books*, 24 fev. 2000.

PAYNE, Christopher. *Asylum: Inside the Closed World of State Mental Hospitals.* Prefácio de Oliver Sacks. Cambridge, Mass.: MIT Press, 2009.

PENNEY, Darby; STASTNY, Peter. *The Lives They Left Behind: Suitcases from a State Hospital Attic.* Nova York: Bellevue Literary, 2008.

PODVOLL, Edward M. *The Seduction of Madness: Revolutionary Insights into the World of Psychosis and a Compassionate Approach to Recovery at Home.* Nova York: HarperCollins, 1990.

PROVINE, Robert. *Curious Behavior: Yawning, Laughing, Hiccupping, and Beyond.* Cambridge: Belknap Press of Harvard University Press, 2012.

ROTH, Philip. *Fantasma sai de cena.* Trad. de Paulo Henriques Britto. São Paulo: Companhia das Letras, 2008.

SACKS, Oliver. *Um antropólogo em marte: Sete histórias paradoxais.* São Paulo: Companhia das Letras, 1995.

_____. *Enxaqueca.* São Paulo: Companhia das Letras, 1996.

_____. *O homem que confundiu sua mulher com um chapéu.* São Paulo: Companhia das Letras, 1997.

_____. *Tempo de despertar.* São Paulo: Companhia das Letras, 1997.

_____. *Tio Tungstênio: Memórias de uma infância química.* São Paulo: Companhia das Letras, 2002.

_____. *Com uma perna só.* São Paulo: Companhia das Letras, 2003.

_____. *Alucinações musicais: Relatos sobre a música e o cérebro.* São Paulo: Companhia das Letras, 2007.

_____. *O olhar da mente.* São Paulo: Companhia das Letras, 2010.

_____. *A mente assombrada.* São Paulo: Companhia das Letras, 2013.

_____. *Sempre em movimento: Uma vida.* São Paulo: Companhia das Letras, 2015.

SAKS, Elyn. *The Center Cannot Hold: My Journey Through Madness.* Nova York: Hyperion, 2007.

SEBALD, W. G. *Os anéis de saturno.* São Paulo: Companhia das Letras, 2010.

SHEEHAN, Susan. *Is There No Place on Earth for Me?* Nova York: Houghton Mifflin Harcourt, 1982.

SHELLEY, Mary. *Frankenstein ou o Prometeu moderno.* São Paulo: Companhia das Letras, 2015.

SHENGOLD, Leonard. *The Boy Will Come to Nothing! Freud's Ego Ideal and Freud as Ego Ideal.* New Haven: Yale University Press, 1993.

SHUBIN, Neil. *Your Inner Fish: A Journey into the 3.5-Billion-Year History of the Human Body.* Nova York: Pantheon, 2008.

SMYLIE, Mike. *Herring: A History of the Silver Darlings.* Stroud: Tempus, 2004.

SOLNIT, Rebecca. *River of Shadows: Eadweard Muybridge and the Technological Wild West.* Nova York: Viking, 2003.

WELLS, H. G. *A guerra dos mundos.* Rio de Janeiro: Alfaguara, 2007.

_____. *The First Men in the Moon.* Nova York: Modern Library, 1901/2003.

PERMISSÕES E AGRADECIMENTOS

Agradecemos às editoras e publicações abaixo a permissão para reproduzir material publicado anteriormente:

Alfred A. Kopf, selo do Knopf Doubleday Publishing Group, divisão da Penguin Random House LLC: Excerto de "Into the Sun", de *An Unquiet Mind* por Kay Redfield Jamison, copyright © 1995 de Kay Redfield Jamison. Reproduzido com permissão de Alfred A. Knopf, selo do Knopf Doubleday Publishing Group, divisão da Penguin Random House LL. Todos os direitos reservados.

Farrar, Strauss and Giroux: Excertos de *Wisdom, Madness and Folly: The Philosophy of a Lunatic* por John Custance, copyright © 1951 de John Custance. Reproduzido com permissão de Farrar, Straus and Giroux.

HaperCollins Publishers Ltd. e Other Press, LLC: Excertos de *Hurry Down Sunshine: A Father's Memoir of Love and Madness* por Michael Greenberg, copyright © 2008 de Michael Greenberg. Reproduzido com permissão de Harper-Collins Publishers Ltd. e Other Press, LLC. Proibido o uso por terceiros de material fora desta publicação. Todos os direitos reservados.

Várias obras foram publicadas anteriormente, algumas em formato diferente, nas seguintes publicações:

PRIMEIROS AMORES

"Water Babies" [Filhotes da água] foi publicado pela primeira vez em *The New Yorker*, 26 de maio de 1997.

"Remembering South Kensington" [Recordações de South Kensington] foi publicado pela primeira vez em *Discover*, novembro de 1991.

"First Love" [Primeiro amor] foi publicado pela primeira vez em *The New York Review of Books*, 18 de outubro de 2001 e em *Uncle Tungsten*.

"Humphry Davy: Poet of Chemistry" [Humphry Davy: Poeta da química] foi publicado pela primeira vez em formato mais longo em *The New York Review of Books*, 4 de novembro de 1993.

"Libraries" [Bibliotecas] foi publicado pela primeira vez em *The Threepenny Review*, outono de 2014.

"A Journey Inside the Brain" [Viagem pelo cérebro] foi publicado pela primeira vez em formato ligeiramente diferente em *The New York Review of Books*, 20 de março de 2008, e como introdução de Frigyes Karinthy, *A Journey Round my Skull* (Nova York: New York Review Books, 2008).

RELATOS CLÍNICOS

"Cold Storage" [Congelado] foi publicado pela primeira vez em formato ligeiramente diferente em *Granta*, primavera de 1987.

"Neurological Dreams" [Sonhos neurológicos] foi publicado pela primeira vez em formato ligeiramente diferente em *MD*, v. 35, n. 2, fevereiro de 1991, e em Deirdre Barret (Org.), *Trauma and Dreams* (Cambridge: Harvard University Press, 1996).

"Nothingness" [O nada] foi publicado pela primeira vez em formato ligeiramente diferente em Richard L. Gregory (Org.), *The Oxford Companion of the Mind* (Nova York: Oxford University Press, 1987).

"Seeing God in the Third Millenium" [Ver Deus no terceiro

milênio] foi publicado pela primeira vez em <www.theatlantic. com>, dezembro de 2012.

"Hiccups and Other Curious Behaviors" [Soluços e outros comportamentos curiosos] não foi publicado anteriormente.

"Travels with Lowell" [Viagens com Lowell] não foi publicado anteriormente e incorpora partes de "The Divine Cure", publicado originalmente em *Life*, setembro de 1988.

"Urge" [Impulso] foi publicado pela primeira vez em *The New York Review of Books*, 24 de setembro de 2015.

"The Catastrophe" [A catástrofe] foi publicado pela primeira vez em *The New Yorker*, 27 de abril de 2015.

"Dangerously Well" [Perigosamente bem] baseia-se em um artigo de Oliver Sacks e Melanie Shulman publicado em *Neurology*, n. 64, 2005 com o título "Steroid Dementia: An Overlooked Diagnosis?".

"Tea and Toast" [Chá com torradas] não foi publicado anteriormente.

"Telling" [Dizer] não foi publicado anteriormente.

"The Aging Brain" [O cérebro idoso] baseia-se em um artigo publicado em *Archives of Neurology*, outubro de 1997.

"*Kuru*" foi publicado pela primeira vez em formato ligeiramente diferente em *The New Yorker*, 14 de abril de 1997, com o título "Eat, Drink, and Be Wary".

"A Summer of Madness" [Loucura de verão] foi publicado pela primeira vez em *The New York Review of Books*, 25 de setembro de 2008.

"The Lost Virtues of the Asylum" [As virtudes esquecidas do asilo] foi publicado pela primeira vez em formato ligeiramente diferente em *The New York Review of Books*, 24 de setembro de 2009, e como prefácio de Christopher Payne, *Asylum* (Cambridge: MIT Press, 2009).

A VIDA CONTINUA

"Anybody Out There?" [Tem alguém aí?] foi publicado pela primeira vez em formato ligeiramente diferente em *Natu-*

ral History, novembro de 2002, e em *Astrobiology Magazine*, dezembro de 2002.

"Clupeophilia" [Clupeofilia] foi publicado pela primeira vez em *The New Yorker*, 20 de julho de 2009.

"Colorado Springs Revisited" [De volta a Colorado Springs] foi publicado pela primeira vez em *Columbia: A Journal of Literature and Art*, primavera de 2010.

"Botanists on Park" [Botânicos na Park] foi publicado pela primeira vez em *The New Yorker*, 13 de agosto de 2007.

"Greetings from the Island of Stability" [Saudações da Ilha da Estabilidade] foi publicado pela primeira vez em *The New York Times*, 8 de fevereiro de 2004.

"Reading the Fine Print" [Letras miúdas] foi publicado pela primeira vez em *The New York Times Book Review*, 14 de dezembro de 2002.

"The Elephant's Gait" [A marcha do elefante] foi publicado pela primeira vez na revista *Omnivore*, outono de 2003.

"Orangutan" [Orangotango] não foi publicado anteriormente.

"Why We Need Gardens" [Por que precisamos de jardins] não foi publicado anteriormente.

"Night of the Ginkgo" [A noite do ginkgo] foi publicado pela primeira vez em *The New Yorker*, 24 de novembro de 2014.

"Filter Fish" [Peixe de filtro] foi publicado pela primeira vez em *The New Yorker*, 14 de setembro de 2015.

"Life Continues" [A vida continua] não foi publicado anteriormente.

ÍNDICE REMISSIVO

abstinência, síndrome de, 69
Academia da Força Aérea dos Estados Unidos, 193
"afinidades eletivas", uso da expressão, 28n
Agassiz, Louis, 44
Agnew, Anna, 165, 167, 173
agnosia, 71, 134
Alexander, Eben, 77-9
alucinações, 48, 51, 55, 73-80, 153; auditivas, 48-51; drogas alucinatórias, 153; durante cirurgias, 55; loucura e, 153, 167, 171-2; sonhos e, 69
Alucinações musicais (Sacks), 76, 85
Alzheimer, doença de, 65, 83n, 121-6, 128-30, 132, 134-7, 218; cuidadores e, 133n; jardins e, 218; sonhos e, 65; *ver também* demência
amish, 97
Ampère, André-Marie, 34, 37
anemia, 125-6
anestesia: espinhal, 70-1; geral, 26n, 53, 114
anestésicos, 26, 25n
anfetaminas, 69, 160
antipsicóticas, drogas, 169, 171, 173

Antropólogo em Marte, Um (Sacks), 65
arenques, 188-90; *ver também* peixes
Arrhenius, Svante, 185
ascídias, 22
Asher, Richard, 59-60
asilos, 132, 165-8, 172, 218-9; *ver também* manicômios
astrobiologia, 181, 183
Austen, Jane, 227
AVC (acidente vascular cerebral), 38-9, 50, 56, 67, 71, 80, 83, 125, 132, 202

bactérias, 145, 181-2
Banks, Sir Joseph, 37
Beard, A. W., 73
Beddoes, Thomas, 25, 27, 32, 40
Berthollet, Claude-Louis, 32
Berzelius, J. J., 38
Beth Abraham Hospital (Nova York), 83, 125, 217-8; *ver também* pós-encefalíticos
Biblioteca da Faculdade de Medicina Albert Einstein (Nova York), 45
bibliotecas, 18, 44-5, 205
biofilia, 219
biologia marinha, 19, 192, 198

bipolaridade, 161; *ver também* transtorno bipolar

Blake, William, 28*n*

Bodleian (biblioteca), 44

botânica fóssil, 15

Boyle, Robert, 24-5, 31, 216

branquiais, movimentos, 82*n*

Braun, Marta, 209, 213

Broadmoor, Hotel (Colorado Springs), 191

Bronx (Nova York), 11, 83, 223; Hospital Beth Abraham, 83, 125, 217-8; Hospital Psiquiátrico do, 169, 171

Browne, Thomas, 44

Byron, Lord, 23, 161

carvão, 27*n*, 34*n*; mineração de, 16, 35

cefalópodes, 14, 20; *ver também* sibas

cegueira, 52-3, 79, 138, 207, 218; parcial, 34

celulares (telefones), 225-6

Centro Psiquiátrico do Bronx (Nova York), 169

cérebro, 47, 51, 53-4, 64, 67, 71, 75, 77, 80, 86-7, 113, 116, 121, 137-40, 143-4, 167, 206-7, 219; área de formação visual das palavras, 206; cirurgias no, 55, 81, 108, 147; córtex cerebral, 68, 77-8, 82, 207; córtex estriado, 65; córtex occipital, 65; córtex pré-frontal, 80; córtex visual, 206; crenças religiosas e estados cerebrais, 73-4, 77, 79-80, 97; lesões cerebrais, 65, 67, 71, 82-4, 102, 116, 207; lobos frontais, 111-3, 115-6, 123, 135; lobos temporais, 55, 73-4, 102, 105; mesencéfalo, 82; nú-

cleos da base, 82, 84; subcórtex, 82, 113; tronco encefálico, 78, 82, 87, 133; tumor cerebral, 48, 51-6, 71, 132, 153; *ver também* Karinthy, Frigyes

choro involuntário, 83

cianobactérias, 182

cicadáceas, 15

Cicoria, Tony, 76-8

"cinemática", visão, 64

cocaína, 26*n*, 69, 104*n*, 160

cognição, 133, 138

Cohen, Donna, 137

Coleridge, Samuel Taylor, 26-8, 36, 38, 161

Colorado Springs (EUA), 191

Com uma perna só (Sacks), 67

coma e quase coma, estados de, 60, 62, 76-8, 142

compulsões, 88-91, 93, 95, 98-9, 104, 106, 108, 113

convulsões, 50, 55, 65, 73-4, 79, 83, 99, 102, 106, 133; extáticas, 73, 79; *ver também* epilepsia

CooperRiis (comunidade agrícola), 177-8

corporificação neural do eu, 138

córtex, 68, 77-8, 82, 207; estriado, 65; occipital, 65; pré-frontal, 80; subcórtex, 82, 113; visual, 206

Crane, Peter, 220

Creedmoor, Manicômio (Nova York), 168-70

crenças religiosas e estados cerebrais, 73-4, 77, 79-80, 97

Creutzfeldt-Jakob, doença de (DCJ), 143, 145, 147-8

criatividade, 90, 113, 151, 161

Crick, Francis, 64, 185

Csikszentmihalyi, Mihaly, 12

cuidador, esgotamento do, 133*n*

Cushing, Harvey, 51, 53

Custance, John, 154, 156, 160, 163

Darwin, Charles, 14, 44, 195

Davies, Paul, 186

Davy, Edmund, 30, 32

Davy, Humphry, 16, 23-40, 200

Davy, Lady Jane, 33

Dawkins, Richard, 184

DCJ *ver* Creutzfeldt-Jakob, doença de

DeBaggio, Thomas, 135

delírio, 69, 120, 131, 142, 153, 158, 171; sonho e, 135*n*

demência: anemia e, 126; cuidadores e, 133*n*; "demência precoce", 154; frontotemporal, 121-3; induzida por esteroides, 120-4; isolamento e, 115-8; reversível, 124-7; *ver também* Alzheimer, doença de

depressão, 108, 113, 115-7, 142, 154-5, 160-4, 178; *ver também* transtorno bipolar

Descartes, René, 70

desinternações, 171

Devinsky, Orrin, 74, 107

Dewhurst, Kenneth, 73

diabetes, 161-2

diamante, 27, 34

Dinfna, santa (padroeira dos loucos), 174

dióxido de carbono, 35, 182

discinesia, 85*n*, 171

Dostoiévski, Fiódor, 73

drogas antipsicóticas, 169, 171, 173

Dryden, John, 44

Duns Scotus, 12

Duve, Christian de, 185

Dyson, Freeman, 183

Edelman, Gerald M., 138, 140

Ehrsson, Henrik, 75

Einstein, Albert, 37, 70

Eisdorfer, Carl, 137

ELA (esclerose lateral amiotrófica), 83*n*

elefantes, 209, 213-4

elementos químicos, descoberta de, 25, 29-31, 34, 200-1, 203; *ver também* química; tabela periódica

eletricidade, 27-8, 30

eletromagnetismo, 37

eletroquímica, 36

Eliot, T. S., 28*n*

Elliot, George, 152

encefalite letárgica, 66, 81-2, 84; *ver também* pós-encefalíticos

encefalopatia espongiforme bovina (EEB), 147

encefalopatias espongiformes transmissíveis (EETS), 145-6, 148

Engel, Howard, 207

envelhecimento: atitudes culturais diante do, 140; fases do, 140-1; sadio, 139-42

envelhecimento, 132, 142

enxaqueca, 64-5, 79, 152

Enxaqueca (Sacks), 40, 45

epilepsia, 73-4, 79, 83, 102; *ver também* convulsões

Erikson, Erik e Joan, 140

esclerose múltipla, 67, 83

esgotamento do cuidador, 133*n*

Espinosa, Baruch, 91, 217

esquizofrenia, 153-4, 171, 173-4, 178

esteroides, demência e, 120-4

eu, corporificação neural do, 138

evolução, 182-4, 187, 206

experiências de quase morte (EQMS), 55, 73-6, 78, 80

experiências extracorpóreas (EECS), 55, 74-5, 80

experiências psicodélicas, 26n

Faculdade de Medicina Albert Einstein (Nova York), 45

Faraday, Michael, 30, 32, 34-7

Feinstein, Bertram, 81-2

Ferenczi, Sándor, 126n

flogisto, 25, 31

Força Aérea Real do Canadá, 193

Forster, E. M., 227

fósseis, 14, 44; botânica fóssil, 15

fotografias, 172, 209, 212-3

Foucault, Michel, 166

Fountain House (Nova York), 174

Francisco, papa, 228-9

Freud, Sigmund, 26n, 40n, 64-5, 69, 104n, 159

frontotemporal, demência, 121-3

Gadjusek, Carleton, 144-8

Gay-Lussac, Joseph Louis, 32, 34

Geel (Bélgica), 174-7

gefilte fish (bolinho de peixe), 222-4

ginkgos (plantas), 220-1

Goethe, Johann Wolfgang, 28, 217

Goffman, Erving, 166, 177

Goldstein, Kurt, 135-8

Gould Farm (comunidade agrícola), 177-8

Gould, Stephen Jay, 184

Gray, Spalding, 107

Greenberg, Michael, 149-64

Greenberg, Sally, 149-64

Griggs, Elisabeth, 196, 199

Hadlow, William, 145

Handler, Lowell, 88

hemocianina, 21

hemoglobina, 21

hidrogênio, 29, 182

hipnose, 82, 95, 117; sugestão pós--hipnótica, 82

hipomanias, 161

história da ciência, importância da, 33, 40

Hobbes, Thomas, 71

Homem que confundiu sua mulher com um chapéu, O (Sacks), 66

Hook, Theodore, 44

Hospital Psiquiátrico do Bronx (Nova York), 169, 171

Hoyle, Fred, 186

humanidade, futuro da, 227-9

Humboldt, Alexander von, 141

Hume, David, 44, 228

Hutchinson, John, 209

Ibsen, Henrik, 42, 118

imagem corporal, transtornos de, 68, 71

internet, 103, 227

iodo, 17, 34

íons, 30

Jackson, John Hughlings, 135, 151

James, Henry, 137n

James, William, 26n

Jamison, Kay Redfield, 155-6, 160-1, 163

Janzen, David, 97-100

jardins e jardinagem, 13, 138, 170, 197, 216-8, 220; como tratamento para doenças neurológicas, 216; jardins botânicos, 13, 196-7, 216-7

Jelliffe, Smith Ely, 84

Johnson, Samuel, 44, 89

Jones, Helen, 222-4

Joyce, James, 157

Kant, Immanuel, 70
Karinthy, Frigyes, 47-56
Keats, John, 28
Kelvin, William Thompson, 185
King, Lucy, 166
Kipling, Rudyard, 42
Klüver-Bucy, síndrome de, 105-6
Knight, David, 23-4, 32-3, 38-9
Korn, Eric, 15, 18
Kraepelin, Emil, 154, 162
Kurlan, Roger, 99-100
kuru (doença), 144-5, 147-8

La Crete (Alberta, Canadá), 97-8, 100-1
Landau, lâmpada de, 16, 36
Landau, Marcus, 16
Latimeria (peixe), 15
Lavoisier, Antoine, 24-5, 31, 40
Leibniz, Gottfried Wilhelm, 37
leitura: área de formação visual das palavras, 206; estilos individuais de, 205-8; processos neurais de, 207
lesões cerebrais, 65, 67, 71, 82-4, 102, 116, 207
Levin, Grant, 81
levodopa, 68, 84-5, 104*n*, 105, 152
libido sexual e estados cerebrais, 104, 105*n*
Little Sisters of the Poor [Irmãzinhas dos Pobres] (congregação católica), 130, 218
Liveing, Edward, 40, 46
lobos frontais, 111-3, 115-6, 123, 135
lobos temporais, 55, 73-4, 102, 105
Lowell, Robert, 150
Luhrmann, T. M., 79

Mackenzie, Ivy, 137
mania, 121, 149-52, 154, 156, 158-64; *ver também* transtorno bipolar

manicômios, 165-73, 177, 219; *ver também* asilos
Marey, Étienne-Jules, 209-14
Margulis, Lynn, 184
Maxwell, Clerk, 37
Mayr, Ernst, 141
médico-paciente, relação, 50-3, 69, 128-31
membros-fantasmas, 68
menonitas, 97
Mente assombrada, A (Sacks), 73*n*, 137*n*
Merzenich, Michael, 68
mesencéfalo, 82
metabolismo, 60, 121
Miller, Jonathan, 15, 18
Milton, John, 42
minerais, 16, 182
Mitchison, Graeme, 64
Monod, Jacques, 185
morte, sobrevivência após a, 227-8
Morton, Janos, 169
motocicleta, 191-3
movimento animal, 211-2
movimentos branquiais, 82*n*
Museu de Ciência (Londres), 13, 16-7, 23, 35, 43
Museu de Geologia (Londres), 13, 15
Museu de História Natural (Londres), 13-5, 19
museus, 13, 122, 217
música no tratamento de doenças neurológicas, 216
Muybridge, Eadweard, 209-14

nada, o, 70-2
natação, 9-12, 115
natureza, 13, 17, 27, 30-1, 34, 39, 70, 75, 141, 146-7, 155, 200-1, 206,

220; mente e, 27; saúde e, 217-9; ver também jardins e jardinagem
Nelson, Kevin, 78
Nemerov, Howard, 220
Neugeboren, Jay, 173
Newton, Isaac, 24, 31-2, 36-8, 40
nitrogênio, 25, 29, 33, 182
núcleos da base, 82, 84

obsessões, 95, 116, 167
Olhar da mente, O (Sacks), 207
Olivecrona, Herbert, 53-6
opiáceos, 69
orangotangos, 215
Orgel, Leslie, 185
Ørsted, Hans Christian, 37
Oxford, 10-1, 15, 25, 44, 166, 198, 216
oxidação, 21-2, 25, 203
óxido nitroso, 25*n*, 26*n*
oxigênio, 21-2, 25, 29, 181-2, 184

parkinsonismo, 66, 68, 81, 83, 123, 129, 133, 158, 161, 171, 218
Parks, Tim, 173
Pask, Sid, 19-20
Payne, Christopher, 172
pedofilia, 106
Peixe Grande e suas histórias mara-vilhosas (filme), 119
peixes, 82*n*, 83; arenques, 188-90; *gefilte fish* (bolinho de peixe), 222-4; *Latimeria*, 15; peixes-elé-tricos, 23
Penney, Darby, 168
percepção espacial, 113, 133
pescar, 20, 39, 189
pigmentos respiratórios, 21-2
Pilgrim, Manicômio (Long Island), 168

Pinel, Philippe, 177
Podvoll, Edward, 159
poesia e química, 26-8
Pope, Alexander, 44
pornografia, 103-5
pós-encefalíticos, 59, 83-5, 104*n*, 137, 218; sonhos em, 66, 68; *ver também* levodopa
Priestley, Joseph, 25
príons, 146, 148
privacidade, 226
prosopagnosia, 65
Proust, Marcel, 50, 140
Provine, Robert, 83
Prusiner, Stanley, 146
psicodélicas, experiências, 26*n*
psicose: anemia e, 126; depressão e, 154-5, 160-1; maníaco-depressi-va, 154, 161; "psicose esteroide", 121, 123; sonhos e, 69; tratamen-to em comunidades residenciais, 177-8
psiquiatria, 154, 163, 177

quase morte, experiências de (EQMS), 55, 73-6, 78, 80
química, 18, 21, 23-5, 27-8, 31, 34-5, 38-9, 43, 105, 126, 146, 158, 183, 200-1; poesia e, 26-8; *ver também* elementos químicos, descoberta de; tabela periódica

redes sociais, 226; efeitos neurológi-cos de, 229
Rees, Martin, 228
religião: crenças religiosas e estados cerebrais, 73-4, 77, 79-80, 97; e neurologia, 77
respiração: comportamentos respira-

tórios, 83-4; pigmentos respiratórios, 21-2

Rhodes, Richard, 144, 147

riso involuntário, 83, 144

romântico, movimento, 26, 36-7

Roosens, Eugeen, 175-7

Roth, Philip, 206, 226

Rothschild, Victor, 19

Royal Institution (Londres), 13, 23, 28-9, 35, 38

Royal Society (Londres), 34, 37-9, 228

Russ & Daughters (empório em Nova York), 189-90, 224

Sacks, Elsie Landau (mãe de Oliver Sacks), 16, 35n, 42, 100, 189, 216, 222, 224

Sacks, Michael (irmão de Oliver Sacks), 153

Sacks, Samuel (pai de Oliver Sacks), 9-10, 12, 42, 190, 192, 222

Saint-Exupéry, Antoine de, 193

Saks, Elyn, 173, 178

samambaias, 15, 195-9, 216

Scheele, Carl Wilhelm, 25, 31

Schelling, Friedrich, 36-7

Schumann, Robert, 161

Scott, Sir Walter, 33

scrapie (doença), 145, 147-8

Scribner Jr., Charles, 207

Seaborg, Glenn T., 201-2

Sebald, W. G., 188

Sempre em movimento (Sacks), 81

Shakespeare, William, 27n, 42, 149

Shaw, George Bernard, 42, 126, 208

Sheehan, Susan, 168

Shelley, Mary, 28

Shengold, Leonard, 40

Shubin, Neil, 83

sibas, 20-2

Silvers, Robert, 223

Smylie, Mike, 188

Solnit, Rebecca, 209, 211

soluços, 81-2, 84, 86

sonhos, 53, 64-9, 135n, 142, 155, 202, 217

sono, 56, 66, 75, 82-5, 92, 142, 163, 190; sono REM, 69

South Kensington (Londres), museus de, 13-4, 17, 23

St. Paul's School (Londres), 18, 43

Stanford, Leland, 211, 213

Stastny, Peter, 168

subcórtex, 82, 113

suicídio, 111-2, 114, 116, 119

Sundue, Michael, 196-8

tabela periódica, 16-7, 22, 203; *ver também* elementos químicos, descoberta de; química

taxonomia, 13, 15

Tempo de despertar (Sacks), 66, 84, 105n, 152, 218; *ver também* pós-encefalíticos

"terapias" não farmacológicas, 216

Thelen, Esther, 138

tireoide, 60, 153

Tobin, John, 39

Tourette, Georges Gilles de la, 100

Tourette, síndrome de, 68, 88-101, 104n, 217

transtorno bipolar, 110, 154, 161-2; transtorno maníaco-depressivo, 155, 158, 160-2, 164

transtornos de imagem corporal, 68, 71

tratamento psiquiátrico em comunidades residenciais, 177-8

tricloreto de nitrogênio, 33

tronco encefálico, 78, 82, 87, 133
tumor cerebral, 48, 51-6, 71, 132, 153; *ver também* Karinthy, Frigyes

Van Gogh, Vincent, 161
vanádio, 22
vegetarianismo, 125-6, 147
vida extraterrestre, 187
vírus, 144-6
visão "cinemática", 64
vitamina B12, 124-7

Volta, Alessandro, 27
Vonnegut, Kurt, 146

Walle, Lieve Van de, 175-7
Wells, H. G., 181, 183, 187, 200
Whewell, William, 32n
Wilson, Kinnier, 126
Wittgenstein, Ludwig, 71
Wollaston, William Hyde, 36
Wordsworth, William, 26

ESTA OBRA FOI COMPOSTA PELA SPRESS EM TIMES E IMPRESSA EM OFSETE
PELA GEOGRÁFICA SOBRE PAPEL PÓLEN SOFT DA SUZANO S.A.
PARA A EDITORA SCHWARCZ EM MARÇO DE 2020

A marca FSC® é a garantia de que a madeira utilizada na fabricação do papel deste livro provém de florestas que foram gerenciadas de maneira ambientalmente correta, socialmente justa e economicamente viável, além de outras fontes de origem controlada.